产教融合教学改革与实践系列丛书

平行与交织

Parallel and Intertwined

专题设计Ⅰ（环境与建筑）教学探索：2019—2023

Teaching Exploration of Thematic Design Ⅰ (Environment and Architecture) :2019 - 2023

王　一　谢振宇　张　婷
扈龔喆　张　凡　孙光临　编著

同济大学出版社·上海
TONGJI UNIVERSITY PRESS · SHANGHAI

丛书主编

王　一

编　委（按姓氏拼音排序）

邓　丰　　董　屹　　耿慧志　　扈龑喆　　李翔宁　　刘　颂

石　邢　　汤朔宁　　王　兰　　王　一　　王桢栋　　谢振宇

袁　烽　　张　鹏　　张　婷　　赵　颖

编写人员（按姓氏拼音排序）

甘　昊　　甘　泉　　何孟佳　　洪人杰　　扈龑喆　　南　旭

孙光临　　王惟捷　　王　彦　　王　一　　肖闻达　　谢振宇

于　雷　　张　凡　　张　樵　　张　婷

编写助理

陈沛瑶　　杨书涵　　张　帆

前言

在过去15~20年来持续的教学改革和实践中，同济大学建筑学专业形成了由“建筑设计”和“专题设计”两条线索编织而成的训练体系。这一体系明确区分了两种类型的设计课程在创新实践能力培养中扮演的角色。“建筑设计”侧重基本方法训练，聚焦专业深度；“专题设计”侧重思想方法训练，聚焦专业宽度。两种课程提供一系列具有前瞻性、批判性的设计课题，力图扩展学生的知识视野。我们认为，只有做到了“专”，才能保证“宽”的空间；而只有做到了“宽”，才能找到“专”的方向。打好“宽”和“专”兼具的扎实基础，能为学生未来的发展潜力和高度提供坚实的支撑。

对于本科阶段的教学，三年级第一学期的“专题设计 I（环境与建筑）”是“专题设计”教学体系中的一个承上启下的环节。一方面，它是学生进入 高年级阶段的第一个设计训练节点。通过前两年的基础性训练，学生具备了思考和解决建筑与环境、空间与人、结构与建造等问题的基本能力。另一方面，二年级第二学期的“建筑设计 I”针对之前通过一系列专题性教学获得的基本方法、知识和技能进行了一次依托小型建筑的整合训练。所以，学生的能力具有了更大的拓展空间，能够处理更具开放性和难度的设计问题。

在基础阶段的训练中，也有诸多环节引导学生关注自然和人文环境问题，但是鉴于循序渐进的培养规律，这些环境因素经过了简化和“提纯”。三年级的教学则将建筑设计题目设定于更为真实和复杂的环境中，这是同济大学建筑学三年级设计课的基本出发点。建筑设计核心能力的训练，例如对建筑与环境关系的思考和处理，需要在整个培养周期中进行持续刺激。同时，这种刺激应该是多维度的而不是简单的重复，需要涵盖类型、规模、场地、成果要求等方面，由此才能体现训练过程的层次递进，让学生保持好奇心和学习热情，并不断拓展专业视野。依托“设计导师”制度组织校内校外混合的设计教学队伍，便是实现这一设想的方式之一。

邀请实践建筑师直接走进学校课堂开展设计教学，最早始于 2004 年。当时，学院陆续邀请了张永和、安东尼奥·希门尼斯·托雷西利亚斯（Antonio Jiménez Torrecillas）、坂本一成等指导四年级设计课程。这种持续教学模式的形成以及“设计导师”机制的建立，则与 2012 年创立的同济大学复合型创新人才实验班有关。实验班根据教学目标邀请实践建筑师开展联合教学，在创立之初邀请了柳亦春、张斌、庄慎、祝晓峰、王飞、水雁飞等，后续刘宇扬、王彦、刘可南、范蓓蕾、张准、王斌等逐步加入，探索出了一系列校内外教师协同教学的成熟经验，贯穿设定设计命题、编制任务书、实施具体教学的全过程。以“小菜场上的家”为代表的教学成果在建筑教育界产生了积极的反响。基于“实验”的成功，这一模式也被逐步推广到更大的范围，其中就包括“专题设计Ⅰ（环境与建筑）”的设计教学。

在学院的支持下，以个人事务所创始人和独立建筑师为主的实践建筑师组成的“设计导师”队伍，成为重要的教学力量。截至 2022 年，获聘学院“设计导师”的建筑师们包括（按姓氏拼音排序）：范蓓蕾、范久江、甘昊、甘泉、何孟佳、洪人杰、孔锐、刘可南、刘宇扬、柳亦春、南旭、水雁飞、王斌、王飞、王惟捷、王彦、肖闻达、杨明、于雷、张斌、张佳晶、张樵、张准、祝晓峰、庄慎。他们的共同特点是：实践项目数量多，设计水平高，有超越具体工作的专业思考，且有参加教学工作的热情，其中大多数都具有在国外一流建筑院校学习的经历。当然，无论是对整个设计教学体系的了解，还是对于特定教学环节目标、学生状态和能力的把握，校内师资的作用也都不可替代。

本书呈现的设计教学成果中，设计导师包括于雷、王彦、洪人杰、甘昊、何孟佳、南旭、王惟捷、甘泉、肖闻达、张樵，时间跨度为 2019—2023 年。在具体的教学组织中，采用统一大纲、独立平行自主选题的模式让实践建筑师与本系骨干教师取得了宝贵的教学成果。时值同济大学建筑与城市规划学院外聘设计导师机制设立 20 周年之际，我们把一部分教学成果结集出版。这既是阶段性的教学实践总结，也希望能够引发更多的讨论，听到来自高校、行业等多方位的批评和建议。感谢校内外老师们对同济大学建筑系人才培养的倾情奉献，也感谢学院开放包容的文化和对于教学全过程、全方位的鼎力支持。

同济大学建筑与城市规划学院建筑系系主任

2024 年 12 月

目录

教学组织：平行选题

实践建筑师参与建筑学本科阶段设计课程的教学探索

实践建筑师参与建筑学本科阶段设计课程的教学探索
——以同济大学建筑系三年级第一学期专题设计 I 为例 *

扈龑喆，张婷，陈筱妍，谢振宇

* 原载《时代建筑》2024 年第 4 期，第 118~123 页。本书收录时略有修改。

引言

作为人类的实践活动，设计并不单纯是一种客观行为，其过程蕴含了丰富的创造性劳动，故呈现出“创作”的本质。从建筑设计人才培养的角度而言，激发创造力是建筑学教育的关键环节 [1]。

为进一步培养学生的自主学习能力和创新能力，同济大学建筑系在扬弃的基础上，持续推进教学改革与研究，针对培养目标、教学计划和教学条件等多个方面进行系统性的调整，建立了通专结合、本硕贯通的教学体系 [2]。目前执行的 4+1+2.5 主干培养方案，将四年工学本科与两年半的专业硕士两个阶段作为建筑师培养的必备过程，进行整体贯通考虑（图 1）。建筑学本科教学聚焦“专业通识”的培养，建筑学专业硕士教育侧重“设计研究”的训练。

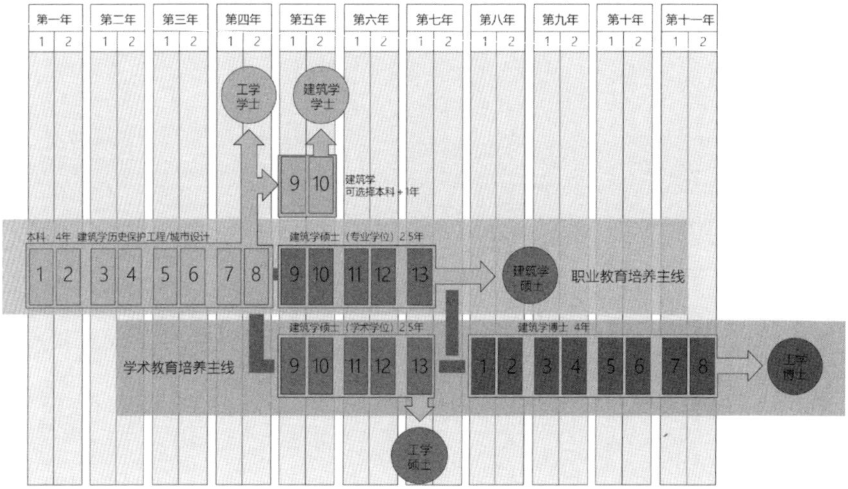

图 1
同济大学建筑学通专结合、本硕贯通的教学体系

通专结合、本硕贯通的举措落实在设计课安排上，主要体现在“建筑设计”与“专题设计”两类课程（图 2）。类似于体育比赛中的规定动作和自选动作，这两类训练在教学组织和要求上有着显著的差异。体现深度的训练即为规定动作（建筑设计系列），侧重基础设计方法的训练，聚焦深度，旨在深化学生对设计原理的理解[3]；体现高度的训练是自选动作（专题设计系列），侧重思想方法的培养，通过引入行业前沿的设计议题，拓宽学生的视野，培养抽象思维、批判性思考与创新能力，帮助学生探索技术之上的普遍科学法则（图 3）。

上述设计课程的改革与调整，必然会引发对师资配置的新需求。在高度训练层面，教师需要展现出敏捷的思维、开阔的眼界以及批判性分析能力；深度训练则要求教师拥有扎实的设计实践经验。现行的高校教师录用机制与考核指标使得从事设计教学的许多教师缺乏实践经验与符合社会需要的设计教学能力[4]，同时，有丰富实践与教学

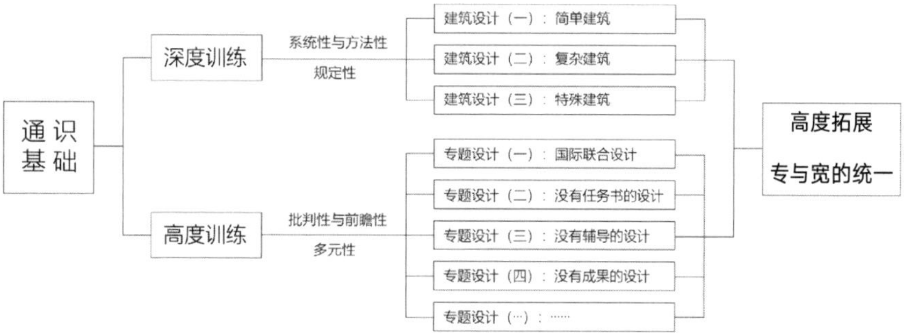

图 2
以高度和深度双向拓展提升为目标的本硕贯通建筑设计课程体系

特点＼名称	建筑设计（Architectural Project）	专题设计（Topic Design）
训练目标	设计深度拓展	思想高度拓展
训练导向	系统性、准确性、深度、现实性	视野、价值观、批判性、前瞻性
训练手段	从简单、复杂到特殊，三次重复	多元选题、多元手段，多次平行训练
支撑元素	技术、方法	社会学、科学
成果要求	技术平立剖图+单一材料手工模型	自由选择成果表达方式
组织方式	全系统筹，一个课题	十个学科组分别出题，多个选题
选课方式	必选	多题选一
课程时间	本科二年级第二学期、本科三年级第二学期、硕士一年级第一学期	本科二年级第一学期、本科三年级第二学期、本科四年级第一学期、硕士一年级第二学期
课程时长	一学期	半学期为主
辅导频率	每周一次	每周两次

图 3
专题设计与建筑设计系列课程的比较

经验的“双师型”师资也在近几年进入退休高峰期。如何有效地建设设计课程师资队伍，成为支撑深度与高度双向拓展的建筑学人才培养体系获得成功的关键[5]。

实践建筑师参与设计教学的发展历程

聘请杰出的实践建筑师参与设计教学是国际顶尖学府探索出的成功教育经验。在确保系统性的教学目标得到落实的基础上，引入实践建筑师参与教学，采用新颖的教学内容和指导方法，能显著提升学生的创新能力，引导学生培养自主学习习惯，这一过程也能够激发对现有教学模式的深度反思与优化。同济大学建筑系借鉴国际顶尖建筑院校的相关经验，对内外联动的设计教学师资队伍建设进行了持续探索。

将实践建筑师引入设计教学环节，同济大学建筑与城市规划学院的这一创新举措始于 2004 年。这一年，建筑师张永和受邀指导本科四年级设计课程。随着“复合型人才实验班”教学改革的开展，包括柳亦春、杨明、庄慎、刘宇扬、祝晓峰等在内的多位高水平建筑师，凭借他们丰富的实践经验和对建筑设计本质的深刻洞察，与全职教师携手开展教学活动。这些建筑师相继参与了诸如“小菜场上的家”“社区图书馆设计”以及“博物馆设计”等多个课程项目。随着这一教学模式取得显著成效并逐渐受到推广，学院于 2014 年创新性地设立了“设计导师”制度，导师队伍日益壮大，成为设计教学力量的重要补充。除了实验班的授课，设计导师们还积极参与“专题设计”系列这一多元化的设计教学活动。

此外，学院设立李德华 - 罗小未设计教席教授职位，作为优秀建筑师参与设计教学的另一种模式。2018 年起，学院充分利用国际合作资源，聘请刘克成作为首任李罗设计教席教授，领导实验班的教学。此后，学院陆续邀请了一系列知名设计师，包括雅各布·凡·瑞杰斯（Jacob van Rijs，MVRDV 主创建筑师）、姚仁喜及尼古劳斯·格茨（Nikolaus Goetze，GMP 合伙人）等主持本硕设计教学，实行自主命题、双向互选，进一步优化教学模式。

近年来，以教育部产学合作协同育人项目建设为契机，自 2021 年第一学期起，建筑系每年聘请 8 位同济大学建筑设计研究院（集团）有限公司具有突出专业实践背景和一定专业影响力、具备设计教学能力和热情的优秀建筑师、结构工程师和设备工程师担任兼职企业设计导师，全程参与硕士“建筑设计 III”的设计教学。教学成果突出体现了“建筑设计”课程系列的教学初衷。

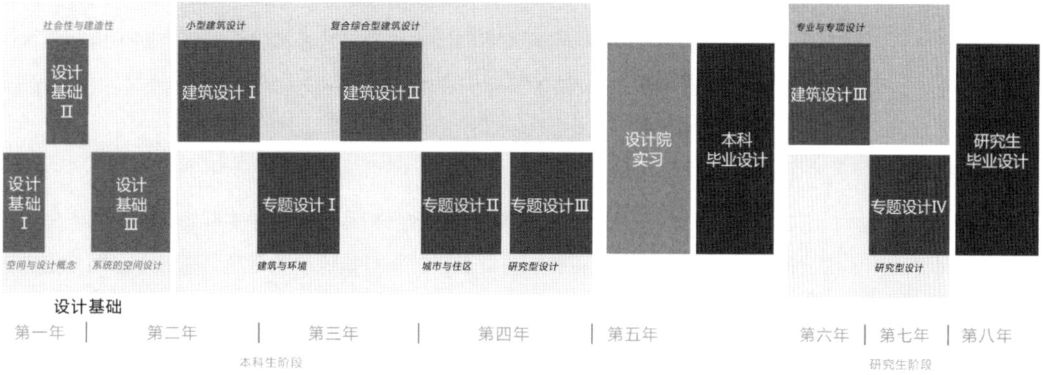

图 4
“建筑设计”与“专题设计”系列课程的关系

“专题设计Ⅰ”的教学探索

本文所涉及的课程正是教学体系中对“高度”进行训练的本科生“专题设计Ⅰ”课程。该课程是同济大学建筑系本硕一体的核心建筑设计课程系列的第一部分，与本科四年级第一学期的“专题设计Ⅱ”、第二学期的“专题设计Ⅲ”以及硕士一年级的“专题设计Ⅳ”共同形成了体现设计高度训练的课程体系（图 4）。“专题设计Ⅰ”围绕建筑与自然环境、建筑与人文环境这两个课程模块，旨在通过统一大纲、独立平行自主选题的教学模式，以个性化的选题设计帮助学生了解尊重自然环境和人文环境的建筑设计理论，培养学生掌握呼应自然和历史文脉的设计方法[6]。

本科三年级共有 6 个班级近 130 名同学参与这一课程，指导教师有 12~15 位，其中 6 位为学院聘请的实践建筑师。实践建筑师出题占比为 1/2，形成了多元共生的选题及教学组织模式。实践建筑师作为导师参与设计课程教学，一方面，由于实践建筑师具有多元化的教育背景，必然会带来更活跃的思想、不同的训练方法与更贴近前沿的设计选题，另一方面，实践建筑师不同的从业经历与专长，能够为学生带来更广阔的视野和更敏感地捕捉问题关键点的能力。

“专题设计Ⅰ”的教学理念

1）多元平行的自主命题模式

同一组课题平行提供不同的设计题目。课题指导老师之间可以设立竞技平台，进行能力比拼。这一举措旨在激励老师们投入更多的精力吸引学生，同时促进思维模式的多样化、价值观念的多元性以及表现形式的丰富性。实践建筑师可结合设计实践，以教学大纲为基础性框架，提供多个不同的课题供学生选择。实践建筑师差异化的教育背景、从业经历必然能够带来不同的训练方法与选题内容，这将有助于培养学生的创造性设计思维。这一方式消除了单一命题模式的枯燥感，促进师生交流和自主学习，激发学生的探索精神。

2）自主选择的价值导向

学生可以选择不同的题目。课题指导教师将直接面对学生群体，向全体学生介绍课程的背景、任务、计划和要求，之后学生将打破班级的概念，在专用选题系统上自主进行课题申报，选择课题和指导教师。基于多课题的自主选择能够帮助其认识自我，快速学习如何判断和抉择，从而使学生在教学体系中的实际参与度得以切实提升。他们的选择不仅映射出个人的学习兴趣，还预示着教学内容的未来趋势，并且形成了评估教师教学能力和质量的一个重要方式。

3）内外协同的师资组织方式

教学团队是课程具备持续吸引力和影响力的重要保障。校内外师资以课程为平台高度互动，形成由年级主管、教学负责人、校内教师以及实践建筑师、助教组建起来的教学团队。年级主管负责全学年教学计划的制定和执行，参与实践建筑师的招募、期中期末评图及展览、作业归档和公众号推送等环节。教学负责人、校内教师和实践建筑师共同参与课题任务书的制定、定期教学研讨、期中期末评图及展览等环节。其中，教学负责人还负责对课题任务书进行审核。对于实践建筑师执教的选题，助教提供全过程协助。结题后，教学团队会围绕教案交流、参评、学生作业选优乃至后续选题的取舍等方面进行研讨，促进育人成效提升。

“专题设计Ⅰ”的教学组织

实践建筑师参与教学，旨在从设计实践中提炼出的典型问题出发，以个性化的选题设计转变传统教学模式，在满足学生需求和提升教学质量的同时，强化培养学生的批判性思维与创新能力。在校内教师和实践建筑师共同参与的课程设计中，教学组织工作尤为重要。下面以“专题设计Ⅰ”为例，从实践建筑师的选拔机制、课题设置、选题方式、教学成效把控与评分机制等方面剖析教学组织工作的重点。

1）标准明确的实践建筑师选拔机制

建筑系打造了高标准、严要求的实践建筑师选拔机制。首先，学院通过校内教师推荐的方式广泛征集优秀青年实践建筑师，形成设计导师资源库。入围建筑师必须是在业内有所成就，有一定建成作品数量的青年实践建筑师。其次，由建筑系资深教授组成的选拔小组对实践建筑师的教育背景、实践业绩、教学经历以及时间保障进行情况梳理与比较，从中遴选出适合设计课程教学的实践建筑师人才。最后，由建筑系领导班子组织年级教学主管、课程负责人等与候选师资进行面对面交流，一方面通过简单试讲了解设计导师的教学能力，进一步判断实践建筑师参与教学的适宜性，另一方面重点介绍设计教学中对于教学内容、教学时间的要求，希望实践建筑师们能够做好准备，确保教学过程的顺利展开。经过上述选拔环节，参与教学的建筑师名单得以最终确定。

经过选拔的实践建筑师，在师德师风方面展现出良好的道德修养，且秉持着与时俱进的教育创新观念，能够成为学生的良师益友。在设计能力方面，他们凭借丰富的实践经验，精准把握专业前沿动态，从而有效地指导学生在设计课程中开展学习与实践[7]。除了拥有专业能力和学识水平之外，他们也具备良好的沟通和引导能力，能够深入细致地帮助学生拓宽思维视野。

2）目标统一的多基地多角度课题设置

以“专题设计Ⅰ”的教学大纲为基础，教学团队细化落实了设计选题的教学目标、内容与要求，确定了每一个阶段的节点和成果，帮助实践建筑师在既有的培养框架内设定具有特色的设计课题。

教学团队成立后，由校内教师对教学大纲、教学要点以及教学目标进行介绍讲解。一方面，这能够促进实践建筑师深入了解同济大学建筑教育理念下的培养目标，明确本次教学的要点，并与校内教师共同探讨更加生动活泼的教学方法；另一方面，双方观念碰撞、磨合直至相互理解、达成共识的过程，能够激励校内教师不断寻求教学理念的变革创新。“专题设计Ⅰ”经历了数次的教改探索，已经成功从传统的单一基地课题转向多基地多角度课题的教学实践（表1）。

教学团队通常利用学期开始前的假期，开展教学专题研讨，以资深教师教研讲座和教学团队集体讨论的方式，为实践建筑师提供执教课程的相关培训，帮助他们了解课程的教学要求，尽早开始自命题的构思。教学研讨的内容包括教学目标解读、教学主线梳理、教学过程回顾以及经典教案解读。开学前一周的“专题设计Ⅰ”新学期课程准备会上，教学团队会对实践建筑师的自主命题课题进行把关，以确保各个选题教学目标一致、设计规模类似。教学负责人通过研读与分析实践建筑师提交的课题简介与课程任务书，从基地设定、环境研究、空间功能组织以及设计深化等方面有针对性地依照教学大纲对课题进行优化。

3）注重互动的双向选题方式

“专题设计Ⅰ”的课题集中宣讲是重要的课程推介环节，为实践建筑师提供了直接面对学生群体的机会。实践建筑师将与校内教师们同台竞技，在规定时间内向学生介绍

表 1 “专题设计 I ”建筑与人文环境模块 2021—2023 年的多元化课题

年份	课题名称	基地面积	基地总图	基地特色	训练目标
2021	浒墅关民俗博物馆	6000 m²	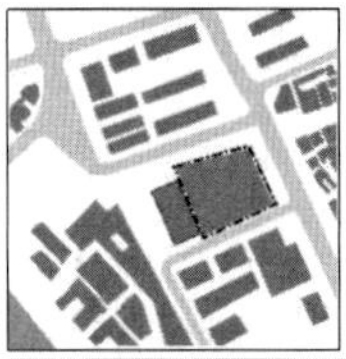	1. 街区具有独特的江南水乡风貌 2. 老街生活场景鲜活 3. 基地内有保留完好的红砖剧场	1. 个性化解读基地，形成设计依据 2. 从城市入手建筑设计
	老场坊美术馆	2500 m²		1. 基地围绕保护建筑 1933 老场坊 2. 社区氛围浓厚，自然资源丰富 3. 有三个基地可供选择	1. 以场所直观感受为设计依据 2. 将生活文化要素引入建筑
	花市里的文化中心	3000 m²	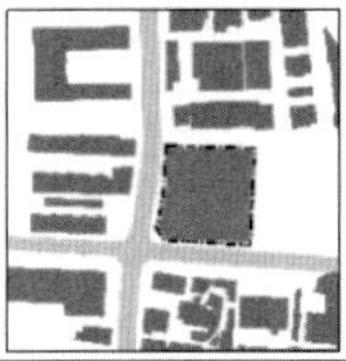	1. 街区周边保护建筑众多 2. 有新植入的城市公共空间 3. 社区氛围浓郁	1. 基于花市主题的参与性文化功能组织 2. 新旧融合的形态创造
2022	虹桥文化中心	6800 m²		1. 以江南水乡城市化变迁为背景 2. 区域面临产业转型 3. 周边有多种文化艺术设施	1. 面向全年龄段人群，组织复合功能 2. 构建融合多元的共创运营模式
	瑞康里青年公寓设计	2500 m²	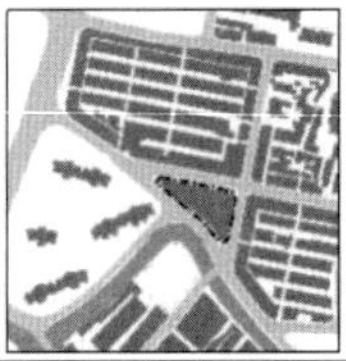	1. 位于历史风貌区 2. 基地具有独特的滨水社区形态 3. 紧邻多个文化创意产业项目	1. 探索宜人且提供鲜活体验的居住空间 2. 建筑空间布局形态回应城市界面
	非洲肯尼亚蒙巴萨老城历史街区美术馆设计	600 m²		1. 所在区域建筑遗产丰富 2. 拥有 16 世纪至今各年代的文化遗产 3. 建筑形态体现多元文化特征	1. 高密度历史街区文化建筑设计 2. 学习基于本土的建筑技术和材料
2023	Second SPACE	7000 m²		1. 位于上海市人民英雄纪念塔旁 2. 紧邻重要历史街区 3. 结合滨水公共空间	1. 结合周围环境提出设计依据 2. 以叙述性图解表达分析与结论

续表

年份	课题名称	基地面积	基地总图	基地特色	训练目标
2023	电影博物馆 + 时尚空间	5000 m^2		1. 具有多层次的历史沉淀 2. 周边环境丰富多元 3. 与时俱进，属于城市化先行区	1. 以电影技巧创造空间，还原上海文化片段 2. 创造适应年轻群体的文化场所
	龙门社区青年创业综合楼	4000 m^2	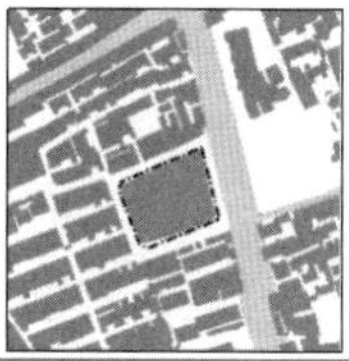	1. 基地位于上海老城厢 2. 所在历史风貌片区富有活力 3. 原有居民群体和历史生态保留完好	1. 历史街区中兼顾建筑的内部性与外部性 2. 复杂环境下功能混合建筑的设计方法

课程的背景、任务、计划和要求，就像进行招募演讲一样（图 5）。这种热情洋溢的宣讲展示了各种策略，能够显著激发学生的学习热情和兴趣。学生们也将打破班级的概念，真正做到自主选择——选择老师、选择课题。这体现出思维方式的多样，价值取向的多元以及呈现方式的多姿多彩，亦是实践建筑师参与设计教学的价值所在 [8]。

自 2015 年起，同济大学建筑系推出了一个创新的师生网络互动平台——专题设计管理系统平台，旨在促进教师实践专长与学生个人兴趣的有效对接。平台于 2016 年正式融入专题设计教学流程并被广泛采纳。它集成了教师教案公开展示、学生自主选择课题、教师择优录取以及信息发布等功能，极大地调动了教学双方的积极性。该平台在设计双向选择机制时，坚持公平开放的原则，确保所有志愿机会均等，并赋予学生优先选择权，同时尽量减少教师与学生对选择过程的干预，确保双向选择过程的公正性。学生可以对心仪的课题进行排序，教师与学生在整个选择流程中仅需操作一次即可达成最终配对，这不仅提升了效率，也最大限度地反映了双方的意愿，并在课题设置中形成了良性的竞争机制。

4）系统性、全过程的教学成效把控

在教学执行计划中，系统性的理论课作为过程指导中的重要一环，是提升教学成效的重要手段。在整个学期里，“专题设计 I”课程规划了总计 34 学时的 17 次授课，根据教学大纲的不同阶段和知识点需求，安排 12 位教师分别负责主讲各自擅长的相关主题。主讲教师不仅限于校内教师，指导设计的实践建筑师也被邀请参与理论教学，

图 5
“专题设计 I ”选题宣讲

图 6
“专题设计 I ”的实践建筑师理论课海报

主持专题讲座。这充分发挥了设计导师制教学方式在知识传授方面专门化、前沿性且重实践的优势（图 6）。

设计课程的教学过程由设计导师具体负责，同时，教学团队在系与年级层面设有完善的引导和辅助把控机制。对于实践建筑师执教的课程，教学团队设立专门的教学质量监控小组，定期对教学内容、进度和成果进行审核和评估，确保教学质量的稳定提升。在教学秩序的把控方面，鉴于同时进行的十余个课题处于教学独立且空间分散的授课状态，小组采用交叉评图的方法来加强各课题组之间的交流（图 7）。特别是在中期和课题结束时，集中组织公开评图既能加强校内外师资间的交流互动，又能让老师们及时掌握节点成果和改进教学状态。在课程设计结束后，所有命题教师共同参

图 7
实践建筑师与校内教师交叉评图

加总结讨论会，开展教案交流、学生作业优选以及后续选题的取舍等优化调整工作，促进设计导师指导课程建设和提升教学成效。

5）兼顾独立与公平的评分机制

为了确保设计导师制教学模式的有效性，“专题设计Ⅰ”的评分采用新的评价标准，形成了多元开放的成果评级体系。教学小组考虑到实践建筑师开展教学的独立性，采用阶段性成绩评定和激励性成绩修正相结合的方式，兼顾独立与公平。

设计课的最终成绩由四个部分组成。第一部分为中期年级评图，主要反映实践建筑师教学过程的合理性以及学生的执行力。第二部分为实践建筑师评分，由实践建筑师对带教学生的设计思考、创造力、解决问题的能力等进行全面评价。第三部分为小组答辩，学生以设计小组为单位参与答辩，由其导师之外的教师担任评委并打分。此环节旨在检查各小组的设计思考过程，促进实践建筑师与校内教师的相互借鉴，为学生提供多视角的思考方式。第四部分为年级评议，此环节为全年级设计成果的展示，并特邀来自各大设计院和设计事务所的杰出建筑师组成专业评审团共同参与。该环节彰显了同济大学建筑系设计课程的综合实力与水准，也起到平衡实践建筑师与校内教师指导小组的评价标准的作用，减少感性因素对打分过程的影响。通过多方参与，评价结果可以更加全面客观，并能提供更有针对性的反馈和建议。

教学成果

由实践建筑师通过讲述设计思路、在项目中面临的挑战以及解决问题的方法，向学生传授建筑设计实践中跨专业的综合能力与跨学科的判断力，能够拓宽学生的专业视野。实践建筑师分享的创作经验也能够丰富课堂教学内容，将抽象的理论知识转化为具体的实践，有助于激发学生的创造力和提高他们解决实际问题的能力。相较于传统的单一选题课程设计，引入实践建筑师的多元化自选题教学改革具有显著优势。一方面，学生拥有了更广泛的选择空间，能根据个人兴趣挑选课题，从而增强了学习动力。另一方面，课题的多样性促进了师生间的深入交流与探讨，推动了对问题的深化研究与学生的自主学习。这种交流互动体现在日常课堂讨论、中期年级评图及期末集体展评等多个环节。教师们的悉心指导与同学们的踊跃参与，共同孕育出“专题设计 Ⅰ”中的一系列创新设计作品。

HAS design and research 建筑事务所主持建筑师洪人杰在“专题设计 Ⅰ”的教学中提出的课题，探讨（非）常态性城市空间模式。课题通过情境扫描（Situation Scanning）、现象阅读（Phenomenon Study）、模式锻造（Pattern Fabrication）三个阶段，从活动周期、社会功能、生产消费与都市尺度等方面探讨“基地周边”与整体区域运作之间的关系，并利用上述研究，对基地进行设计，形成新的空间类型。该课题组学生江席雅以假日市集、移动摊贩推车、零售店铺作为研究对象，观察上海老城厢区域在特定时段中所产生的事件性空间。在社区冥想中心的设计中，她把功能性空间布置在外侧，自然形成中心式的冥想场域。在平日，中央空间可以是多功能花市、爵士乐表演、社区活动的场所，到了假日则转变成用于天光冥想、亲子工作坊、邻里关怀的场所。此设计的独特之处，在于探讨了城市界面的皱褶性、空间边界的不确定性和精神场所的二元性——复杂与简易化。

集良建筑事务所主持建筑师王惟捷的课题“遇见 2025——梦溪论坛国际交流中心

设计”从空间体验以及对基地城市文脉与自然环境的研究出发，形成建筑设计创新的着手点，通过视觉、空间、行为等关系处理的手法，使建筑与城市的人文、自然环境融合。教学过程中，课题设置了清晰的 Context（文脉）和 Content（内容）两个方向的教学切入点，并通过跨学科的经验（如行走、电影中的场景、艺术作品的概念）引导学生理解建筑专业的知识和学科定位。该组学生赵颖杰在设计伊始就选择了建筑体量延续原有山势的场地策略，并在整个设计课程中坚持围绕该策略不断完善设计。最后的设计成果很好地回应了自然场地，平面布局合理，流线清晰，空间层次丰富，并完成了构造细部和立面效果的对应设计，达到了一定的设计深度。

2019 年，此课程作为同济大学教学成果一等奖项目“通专结合、本硕贯通的设计创新能力培养课程体系建构与实践”中的重要人才培养案例，为面向未来的建筑学人才培养提供了借鉴。2021 年，同济大学建筑系受复星基金会的邀请，由设计导师洪人杰作为主策展人，在复星艺术中心举办了名为“隐像感知：同济建筑的未来性”学生实验创作展，对“专题设计 I ”的学生作业进行了展览与研讨，展现了实践建筑师参与教学的丰硕成果。

关于实践建筑师参与设计教学的反思

经过 2004 年至今二十年的实践与探索，实践建筑师参与设计课的教学模式在同济大学建筑系本科高年级专题设计教学中已经形成完整的体系。为进一步提升课程质量，需要进一步制定契合实践建筑师工作特点的教学计划和激励制度，明确遴选标准与程序，优化改进选聘规则，以确保可持续的教学发展。

在选拔优秀的实践建筑师参与设计课程教学时，应该注重考察实践建筑师的师德师风、设计能力和教学能力三个方面。第一，理想的候选人应具备高尚的道德品质，秉持与时俱进的教育理念，能够成为学生的楷模与领路人。第二，设计能力同样至关重要，实践建筑师需通过其丰富的设计实践经验，紧跟学科最新的前沿动态，以确保在指导学生时能够驾轻就熟，引领学生在设计领域深入探索。第三，实践建筑师的教学能力也十分重要，除了拥有专业能力和学识水平之外，他们应当具备良好的沟通和引导能力，深入细致地指导学生的学习。

实践建筑师通常会展现出强烈的独立性与自我价值实现的愿望。鉴于此，校、院两级需构建全面的激励机制，融合物质与精神层面的奖励。一方面，应将实践建筑师的教学成果与课酬等实际利益挂钩，对在教学工作中表现突出的导师，在课酬分配、评优评先等方面提供优先考量；另一方面，在精神层面，通过授予“优秀设计导师”

图 8
学院为参与教学的优秀实践建筑师授证

等荣誉称号，增强实践建筑师与院系之间的连接感（图 8）。此外，为体现对实践建筑师教学成就的认可与尊重，当学生在重要学术期刊发表论文、所在课题获奖或在设计竞赛获得佳绩时，院系将对其指导老师给予相应的表彰与奖励。这样的机制能够激励优秀的实践建筑师更加积极地投入工作，不仅提高了他们的工作热情，也保证了设计导师队伍的先进性。

结语

近年来，同济大学建筑系在实践建筑师参与设计教学的实践上取得了显著成效，实现了多方共赢的效果。在培养过程中，各具特色的师资力量优势互补，师生间的思想碰撞构成了学习过程中最振奋人心的部分。中国的城市建设正逐步从大拆大建走向城市更新，行业转型对建筑教育来说意味着多元的需求。我们最大的期待是，通过这种多元的训练体系，启发学生以多维视野来审视学科，以多元化发展应对未来，培养出能够引领行业未来新发展方向的杰出领袖人才。

参考文献

[1] 吴长福，黄一如，王一. 缜思畅想——注重创造力培养的同济建筑设计教学 [J]. 中国建筑教育 ,2009(1):14-16.
[2] 李振宇. 开放多元、平行自主——为了明天的建筑学教育思考 [J]. 中国建筑教育 ,2017(Z1):5-12.
[3] 王一. 以提升学生国际竞争力为导向的建筑学专业培养体系建设 [J]. 高等建筑教育 ,2023,32(6):78-87.
[4] 顾大庆. 从寄生到共生——建构一种建筑学与研究型大学新型关系的理论叙述 [J]. 建筑学报 ,2022(7):1-11.
[5] 蔡永洁. 变中守不变：面向未来的建筑学教育 [J]. 当代建筑 ,2020(3):126-128.
[6] 谢振宇，汪浩. 本科阶段专题建筑设计的课程特色和教学组织 [J]. 中国建筑教育 ,2017(Z1):58-65.
[7] 张利. 挑战下设计师资建设的 3 个相关问题——以清华大学建筑学院为例 [J]. 建筑学报 ,2021(4):33-36.
[8] 张凡，李镜宇. 多课题多角度的创造性设计思维训练——同济大学建筑系三年级平行自选设计教改思考 [J]. 中国建筑教育 ,2020(2):100-104.

教学大纲解读

立足传承、精心组织、探索优化

体验与共生开启的创造性设计思维训练

立足传承、精心组织、探索优化
——本科三年级“建筑与自然环境”教学大纲设计

孙光临

建筑设计的学习需要相当长的训练周期和系统化的知识积累。学生不仅需要通过设计课题训练提升技能，也要经过相关课程学习积累知识，同时需要自我反思来融会贯通，提升建筑认知。这一切都需要依托一定的程序化教学安排，既要符合建筑学科自身的内在特性，又要符合学生在知识获取、技能提高和认知发展方面的成长规律。

同济大学建筑与城市规划学院建筑系具有优良的建筑设计教育传统和完善、系统的教学训练模式，即使教学已然卓有成效，仍然勇于探索创新，希望走出一条建筑设计教育的新路，以适应未来的国际专业学术发展，满足国家的经济发展与战略需求。

建筑学专业三年级第一学期的两个课题作业在建筑系建筑学专业教学大纲的指导下，对学习阶段、训练要点、知识构成等进行有针对性的安排。这两个作业都是以环境与建筑设计的关系为主题设置的设计课题，是同济大学建筑系传统的设计题目。同济大学建筑系的冯纪忠教授在 20 世纪 70 年代提出了建筑空间组合论的理念，卢济威教授在 20 世纪 90 年代提出了将环境观引入建筑设计教育的理念，两位教授的教育思想与理念逐渐成为同济建筑教育的传统意识。建筑空间组合论从建筑的内部构成与形态生成的角度促进学生建立起建筑意识，环境观则引导学生了解建筑主体之外的因素对建筑的限制与影响，以此加深他们的建筑认知，二者相辅相成，形成内外两条线索来建构建筑研究与学习的思考路径。这有助于建立相对全面的建筑观，达成建筑设计训练的目的。

这两个作业，一个是在历史城市环境中的建筑设计，另一个是在自然环境中的山地建筑设计。环境是一个比较宽泛的概念，其包含的内容也是极为丰富的。设计课题既有知识性的内容，又有环境形态与时空感知的训练；既能在建筑设计基础教育之后，提升学生的空间、流线、形态等传统的建筑设计基本技能，又能加强相关建造技术的学习。同时，环境与建筑设计原理课也与之配套，相对系统地提供知识性的辅助支撑。

建筑学专业的相关技术课程都是分别开课讲授的，而建筑设计却是一门需要综合应用这些知识的学科。因此，设计课的教师负有将这些内容向学生综合解释并整合传授的责任，教师本人对建筑的理解以及自身的建筑设计技能与相关知识储备、设计观念等会对教育的效果产生决定性的影响。

在由本校教师主持的自然环境中的山地建筑设计课题中，我们只确定了建筑规模和具体的山地环境，可供选择的区域比较大，学生可以根据自己的理解与设定在其中选择一定规模的建筑用地。在设计内容上，我们淡化了具体的建筑功能，学生可以在与任课教师充分交流的基础上，根据自己对生活的认知与现实或想象中的需求来确定建筑的具体功能。我们的理念是，对未来的想象、对理想化环境的追求是建筑设计的原动力。

尽管实践建筑师可以自选设计课题，但这些丰富的课题在具体的教学要求上是一致的。这不仅体现在设计课题的设置上，也体现在教学训练要点、设计成果要求以及作业评价标准上。

在设计课题的设置上，所有的设计课题必须是复杂地形条件下、自然环境中的休闲类建筑设计。一方面，教学训练强调设计者对地形空间的理解与感受，注重与地形空间相适应的建筑空间组织与空间效果的设计操作训练；另一方面，强调学生对景观与情境的感知与创造，让他们从空间知觉与情感体验上加深对建筑的理解与认知。

在设计成果的要求上，除了常规的建筑基本图纸以外，还要求学生加强设计分析的表达，强调设计成果表达的系统性、设计逻辑的完整性、建造技术的合理性以及空间效果的有效性，同时要展现积极的生活态度和对未来的畅想。

在作业评价标准上，对学生设计成果的评价也须在相对全面的基础上强调阶段性的教学目标要求，突出对学生设计能力的评价，同时也要考虑学生认知能力的增长，以及设计图纸与模型的完成度，对上述内容加权进行综合评价。此外，应借助阶段性的公开交流展评以及设计图纸完成后的汇报讲评，进一步加深与学生的沟通，完成教学的最终环节。

让每一个学生在专业设计能力和建筑认知上都有所成长，是我们的基本教学目标；让每一个学生都能发挥自己的能力并在设计学习过程中获得应有的专业自信，是我们的教学理想。

孙光临

同济大学建筑与城市规划学院建筑系副教授

“专题设计 I（建筑与环境）”建筑与自然环境课题负责人

体验与共生开启的创造性设计思维训练
——本科三年级“建筑与人文环境”教学大纲设计

张凡

传承与变革是经典课程不断适应新时代的教育要求、建设一流专业课程的重要理念和途径。同济大学建筑系本科三年级以建筑与人文环境为主题的课程设计是覆盖全年级的必选课题，这一课题突出尊重历史文脉和地域特征的设计训练，有着悠久的历史。在经历了数次教学改革实践后，建筑系已成功地实践了多基地、多角度的因材施教教学模式，并且该教学课题在全国高等学校建筑学学科专业指导委员会组织的2015年“全国高校建筑设计教案 / 作业观摩和评选”活动中获评为优秀教案。2019 年，在学院建设一流学科的推动下，建筑系针对多个课程设计展开了新一轮的教学改革，在三年级的课程设计中首次尝试“平行自选”的教学实践。

1. 课程设计的目标定位

建筑与人文环境课程设计是建筑系本科三年级的第一个课程设计，处在承上启下的关键节点。教学要求培养学生的城市环境意识，引导学生们尊重场所文化和历史文脉，学习在由城市历史街区肌理和相邻老建筑组成的人文环境中开展分析和设计，研究历史建筑保护与再利用的方法，探索新建建筑的功能性、象征性和城市性的关联与整合，使新老建筑与环境和谐共生。

2. 课程计划与课题选择

建筑与人文环境课程设计时长为 8.5 周，历时半个学期，并与三年级第二学期的建筑与自然环境课程设计共同构成为期一个学期的建筑与环境课程设计训练。基地要求选在城市建成区中有丰富历史遗存的历史街区，设计选题为中小型社区级的文化建筑（如博物馆、图书馆等），建筑面积控制在 3000 平方米左右，教学重点是空间、体验与形式。

3. 综合能力训练目标

课程从环境认知与体验的角度帮助学生提高建筑认知水平，从而对提升建筑设计能力和建筑理论认识起到积极作用，引导学生学习尊重自然环境和人文环境的建筑设计理论，掌握呼应自然和历史文脉的设计方法。课程有以下三个综合能力训练目标：环境特征的分析与研究能力，目标是通过研究与发掘基地人文环境特质促进设计概念生成；历史环境要素的保护能力，目标是促进基地历史保护要素与新建建筑和谐共生，从而实现基于历史文脉的设计创新；建筑本体的功能与空间组织能力，目标是培养对于建筑内外空间体验的设计控制能力。

4. 新旧共生的价值取向

共生的生物学定义是两种密切接触的不同生物之间形成的互利关系。历史街区更新中的新旧共生课题，引导学生通过形态学和类型学的设计方法，将新元素和老元素在功能、空间、形态等方面整合成有机体，同时充分展示历史场所精神，并体现对历史环境的“关爱”。在制定评分标准时，我们通过构思与环境、功能与流线、空间与形态及设计表达四个分项，来强调呼应环境文脉的建筑尺度和形态的重要性。

5. 配套设置的原理课程

在课程设计中，为了让同学们较为系统全面地掌握中小型文化建筑设计的基本原理和工作方法，我们同步设置了建筑与环境设计的原理课。首先，在基地调研与环境认知方面，我们引导学生把分析历史街区的环境特征和评估其价值作为建筑设计的第一步。具体来说，我们注重培养学生从“识别”“结构”和“意义”三方面来了解历史街区的环境意象和特征，即要求学生通过观察、拍照、采样分析和测绘研究的方法解读里弄街区的个性特征，分析不同街区在尺度和建构方式上的区别和所在城市空间的特殊性，进而从空间结构和图底关系等方面分析空间组织方法、空间层次以及建筑形式的关联特质，从而理解和发掘里弄街区环境在建筑学和社会学方面的意义。其次，在设计构思和推进过程中，教学注重建筑体验的理念与方法的运用，培养学生从“空间”“时间”“交流”和“意义”四方面来研究建筑的空间组织及其在现代社会生活中的意义。在空间方面，学生需联系城市环境以及建筑内外空间来思考新建筑对城市公共空间的贡献。在时间方面，学生需联系主体的行为活动方式思考中小型文化建筑中不同的流线组织方式和使用体验。在交流方面，我们强调让学生体会环境与交流在文化上的可变性，思考空间与环境的设计，特别是建筑中的光线运用与表皮设计，使之产生不同的意义并促进交流。

6. 科学严谨的教学过程

为保证教学质量，我们制定了科学严谨的教学过程要求和控制方法作为年级教学的准则，各教学小组积极执行。在鼓励老师发挥教学特长的同时，教学组也有意识地促进年级各小组教师和同学之间的交流，以掌握教学进度、控制教学质量。

与单一选题课程设计相比，平行自选的教学模式带来了诸多优势。首先，学生有更宽的选择范围，可根据自己的兴趣偏好选择题目，从而提高了学习的积极性。其次，教师和学生之间的交流欲望增强，有助于研究问题的深入研讨和学生的自主学习与进步。这种交流与互动充分体现在平时的课堂讨论、中期年级展评和期末的集体评图和展览过程中。老师们的辛勤付出、同学们的积极参与共同凝练出基于社区文化基因延展的创新设计作品。

平行自选课程设计选题从不同的角度促进了设计概念的生成。教学过程强调各个阶段的模型推演，培养学生运用差异性的方法将概念转换为有生命力的建筑形态，其中既有场所精神主导的形式递进推演法，又有外部活动流线主动介入建筑内部空间的设计概念发展方法。此教学模式对三年级本科教学产生了积极影响，改善了之前设计课教学注重类型、方法重复、效率较为低下的问题，探索了“相同类型不同方法和不同类型相同方法”的教学改革，顺应了新时代的建筑教育发展。

张凡

同济大学建筑与城市规划学院建筑系副教授

“专题设计 I（建筑与环境）”建筑与人文环境课题负责人

教学成果展示

建筑与自然

1. （非）常态性“第二自然模式”的探讨：泰国春武里府艺术家创意工坊 & 泰国碧差汶府婚礼庆堂中心 洪人杰

①泰国春武里府 艺术家创意工坊

窦中君（2017 级，山东）

②间　井雨瑶（2021 级，贵州）

2. 千岛湖度假酒店 王彦

①依山望水　熊亦萱（2018 级，江西）

②岛隐于顶　黎嘉颖（2018 级，澳门）

3. 亭林山舍 肖闻达

①层层屋檐　陈星汉（2018 级，安徽）

②山街探景　张辰来（2018 级，上海）

4. 遇见 2025——梦溪论坛国际交流中心 王惟捷

①隐山里　赵颖杰（2019 级，山西）

②拾级而上　刘星琦（2019 级，上海）

5. 山地美术馆建筑设计 南旭

①行于屋上，歌于檐下　王乐浔（2019 级，浙江）

②框造自然　王赫泽（2019 级，辽宁）

6. 山地度假酒店 甘泉

①山外山　朱一心（2019 级，重庆）

②云脚下　赵若萱（2020 级，广西）

7. 猫粉营地 何孟佳

①摆摆龙门阵　朱俊霖（2020 级，上海）

②山间的长卷　吴韫玉（2020 级，北京）

（非）常态性“第二自然模式”的探讨：泰国春武里府艺术家创意工坊 & 泰国碧差汶府婚礼庆堂中心

1

洪人杰

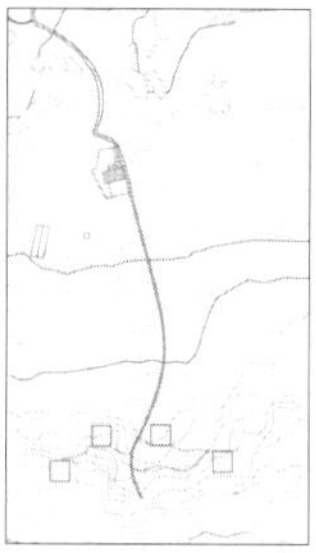

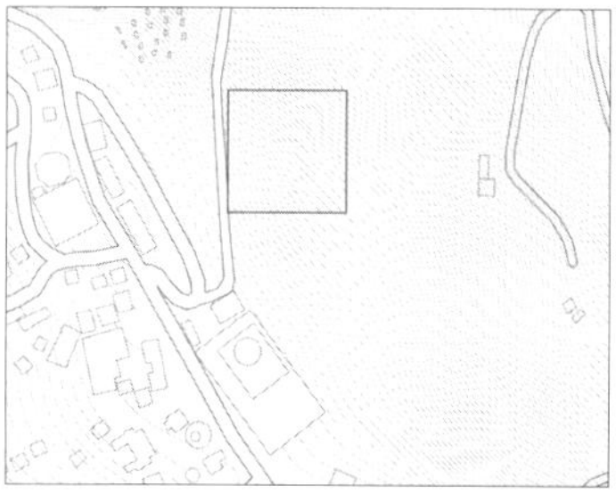

课题介绍

设计课程的重点是对“模式”（pattern）的探讨，利用其形成过程作为一种模拟自然形式的策略，进而发展出具有潜质的形态，如结构、空间、材料等。

课程第一阶段为情境想象（situation imagining），在这个阶段，设计者想象自己在一个极为陌生的地方，一个可能这辈子都无法到达的场所。同学们需要调动对于“自然空间”的想象力与感知力，在指定的泰国山坡基地中，透过对环境的观察，发掘出具有代表性的自然空间模型，并进行分析研究。

第二阶段为现象重读（phenomenon thinking），需在上阶段研究的基础上“放大”基地周边，进行研究与调查。调查的重点在于发掘“基地周边”与整体区域运作在情绪感知、景象变化、空间营造等方面的相互关系问题。例如，控制地块的“稳定性”与“变异性”的主角与现象是什么？学生需要依下列主题发掘出具有代表性的空间类型，并进行分析：自然界线（natural border）、路径与景象（route & scene）、流动性（fluidity）、类型（type）。本阶段研究的成果，要求以“技法”来表达对自然环境的想象与理解，透过对自然的片段感知，以图画表达其意境或重点。成果要求以手绘图形式呈现，其形成过程必须能够被具体陈述，并且包含上述各主题分析研究的结论。

第三阶段为模式提炼（pattern refinement），课题要求具有选择性地组合以上阶段的研究成果，在指定的基地范围内设计一座建筑。设计重点在于将模式视为一个整合性的系统（a system of systems），“（非）常态性‘第二自然模式’”则是启动这个系统的助燃剂。

基地介绍

地块一：泰国春武里府 艺术家创意工坊（左页左图）

艺术家创意工坊基地选址位于泰国春武里府的一片山地中，山地的北部是当地一处有名的寺庙。在这块山地中选取了一块 70 米 ×70 米的方形基地，占地面积约 5000 平方米，建筑限高 24 米，总建筑面积控制在 2500~3000 平方米。寺庙和山林分别是这一地块最具标志性和最为重要的景观。创意工坊需要满足四位艺术家的创作、办公、作品展出和储存需求，每间工作室面积需在 600~800 平方米。

地块二：泰国碧差汶府 婚庆礼堂中心（左页右图）

基地坐落于泰国碧差汶府的一片山坡地中，地处热带。地块南侧为瓦帕塔帕颂桥（Wat Phra That Pha Sorn Kaew）寺庙景区，中心有一座五重层叠的大佛，周围零星有当地民居。在这块场地中选择一块 70 米 ×70 米的方形基地，占地约 5000 平方米，建筑限高 24 米。设计功能设定为婚庆礼堂中心，空间包括礼堂（100 人）、宴会厅（300 人）、咖啡厅（兼婚礼等候区）、婚庆沙龙及展览空间，以及可充分利用的室外场地（作为婚礼及各种活动的外延空间），总建筑面积 2500~3000 平方米。

周次	时间	课程内容	形式
1	2019/10/31	情境想象：基地参观，区域研究，制作基地手工模型 1/200、基地电子 3D 模型	个人作业
	2019/11/4	情境想象：区域研究，12 张手绘图，尺寸 200mm×200mm	个人作业
2	2019/11/7	情境想象：区域研究，12 张手绘图，尺寸 200mm×200mm	个人作业
	2019/11/11	情境想象：区域研究，12 张手绘图，尺寸 200mm×200mm （手绘图需反映场地重点并符合基地尺寸）	个人作业
3	2019/11/14	现象重读：分析图、单元排布图（平面或剖面）、材料研究，12 张手绘图，尺寸 200mm×200mm	个人作业
	2019/11/18	现象重读：基地功能研究、单元排布图（平面或剖面）、材料研究，2 个手工体块研究模型 1/200	个人作业
4	2019/11/21	现象重读：分析图、空间排布图，8 张手绘图，尺寸 200mm×200mm	个人作业
	2019/11/25	现象重读：分析图、空间排布图、1 个手工建筑模型 1/200	个人作业
5	2019/11/28	模式提炼：分析图、平面图、剖面图，8 张手绘图，尺寸 300mm×300mm，1 个手工建筑模型 1/200	个人作业
	2019/12/2	初期评图，同济大学建筑与城市规划学院红楼钟庭大厅	大组评图
6	2019/12/6	模式提炼：分析图、3D 模型研究空间效果、平面图、剖面图，8 张手绘图，尺寸 300mm×300mm	个人作业
	2019/12/9	模式提炼：分析图、3D 模型研究空间效果、平面图、剖面图，1 个手工建筑模型 1/200	个人作业
7	2019/12/13	中期评图，同济大学建筑与城市规划学院红楼钟庭大厅	大组评图
	2019/12/16	模式提炼：分析图、效果图、总图、平面图、剖面图，8 张手绘图，尺寸 300mm×300mm、1 个手工模型 1/200	个人作业
8	2019/12/20	终期评图，同济大学建筑与城市规划学院红楼钟庭大厅	大组评图

泰国春武里府
艺术家创意工坊

学生 / 窦中君
导师 / 洪人杰

设计简介

项目基地选址位于泰国春武里府，在该地与寺庙相连的山地中选取了一块 70 米 ×70 米的方形地块。寺庙和山林，分别是这一地块最具标志性和最重要的景观，山地中的高差处理和功能划分，是建筑方案设计最为核心的矛盾。

我在日常的观察中，发掘林中树木表面光影变化的不同层次展现在绘画表达上的可能性。这种技法在设计前期概念的形成过程中起到了重要的作用。

从自然环境中建筑空间的特性出发，我从流动性、自然边界、景观与路径、类型四个方面，探索建筑空间的可能性。在研究图式的过程中，片墙围合和营造景观的方式、路径与地景结合的方式、树木空隙中的光影变化的方式、利用树叶等有空隙感的自然环境的方式，在后来的方案设计和最终成果中都得到了切实体现。

建筑基地被密林围绕，林地景观是设计需要重点关注的核心。在前往基地的路线上有一座寺庙，同样是重要的人文元素。

技法研究中所表达的光影变幻的空间，在真实的方案设计中得到了延伸——我试图从墙与板交接的缝隙中获得一种光影空间，于是结构上的缝隙便成了方案设计的起点。起初，建筑方案偏于一种无秩序的艺术表达，不同方向、不同高度的墙体交接在一起，在墙体和墙体、墙体和楼板之间形成孔隙，光线便从中渗透进来。

在后来的一次次方案深化中，基于对景观元素的把控,建筑平面和形式逐渐形成了秩序，建筑由分散走向统一。在此基础上，我把四位艺术家的空间划分在不同的长条形体量中，使其相互咬合穿插并加以联系。再利用片墙的形式，营造建筑面向前后山林以及远处寺庙景观的强烈方向性，不同方向的片墙沿着山体相互交错，与山势融为一体。

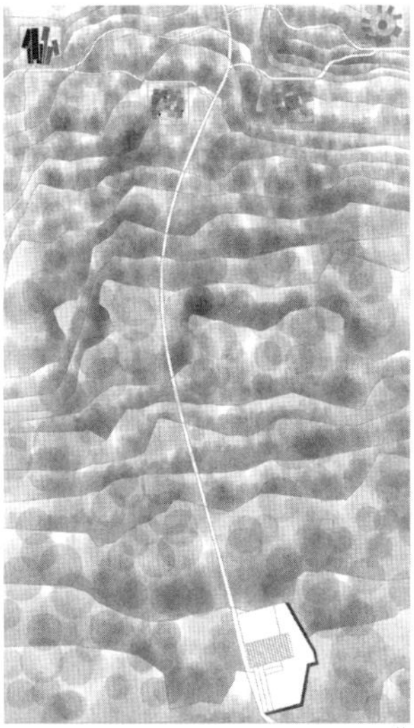

总平面图 0 2.5 7.5 15 30(m) N

透视图

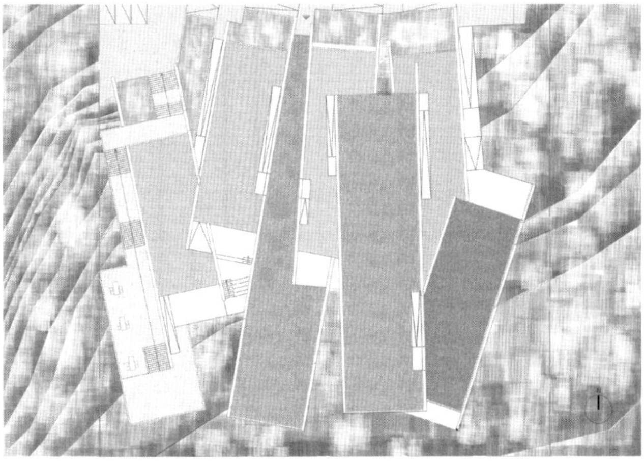

屋顶平面图

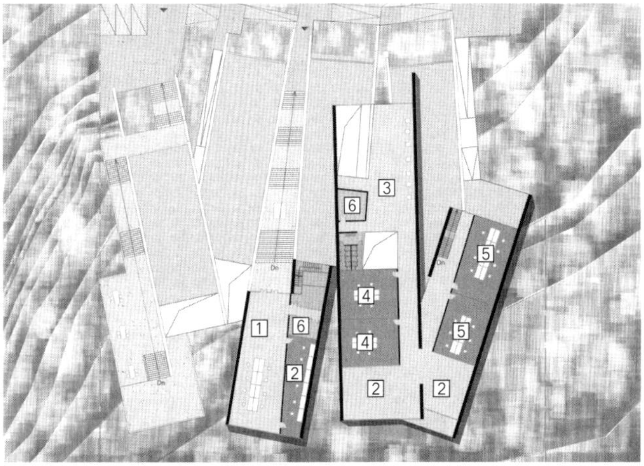

1 木艺工作室
2 办公室
3 玻璃艺术展厅
4 玻璃艺术工作室
5 竹艺工作室
6 储物间

二层平面图

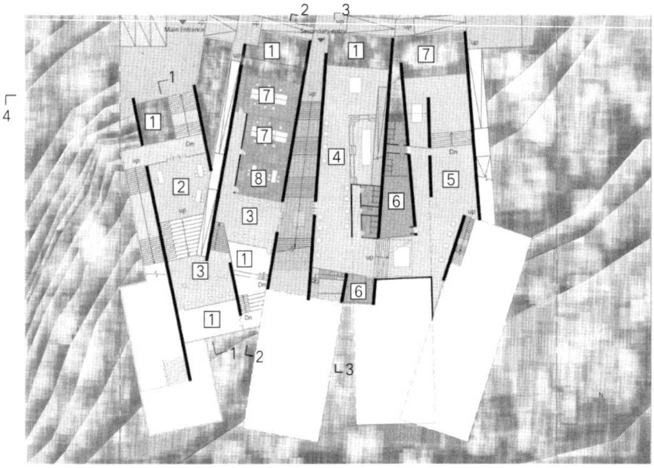

1 院落
2 门厅
3 石艺展厅
4 木艺展厅
5 竹艺展厅
6 储物间
7 石艺工作室
8 办公室

0 2 5 10(m) N

首层平面图

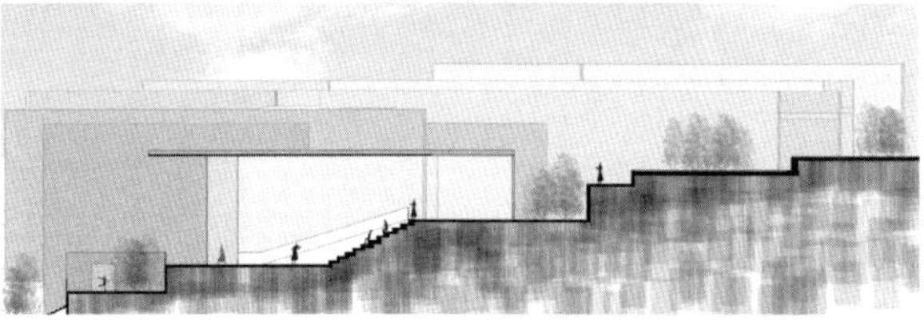
1-1 剖面图

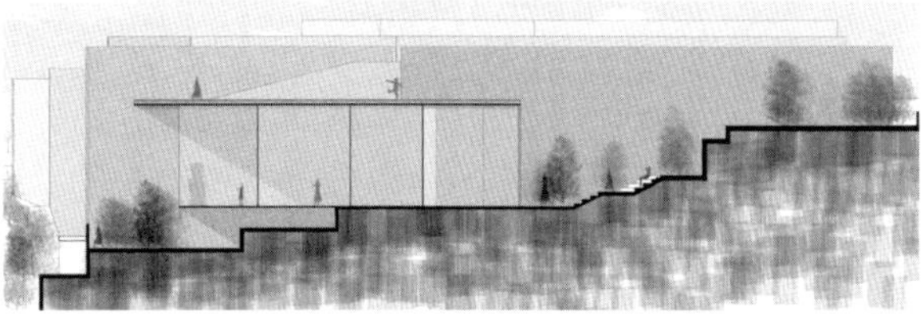
2-2 剖面图

3-3 剖面图

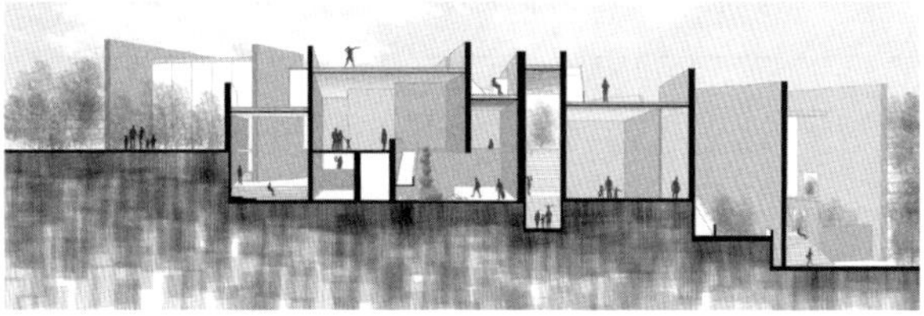
4-4 剖面图

教师评语

课题以泰国春武里府为载体探讨（非）常态性“第二自然模式”，透过技法与空间的对应关系， 重新思考自然景观如何激活室内外场所，并处理跨国设计在地理与文化要素方面的难题，进而发现地块的“特殊性”与“变异性”的原型。窦中君同学以泰国春武里府的自然树景、山地起伏、石头流水、鸟叫虫鸣等自然现象为素材,发展并转化出一套特有的绘制技法，即透过叠加、复合、渗透、光影表现出基地上的自然效果。

在窦中君同学的泰国春武里府艺术家创意工坊设计中，他将起伏的地形转化成大面积开放空间，并结合斜坡与楼梯，让参访者在移动中欣赏周围的景观。此外，不同的艺术创作工作室与手艺工作坊也被放置在空间的轴线上，让空间不仅融合自然要素，更增添了抵达场所时的仪式感和非日常性体验。值得一提的是，室内形似山谷的空间，采用天光引导参访者，也让空间回应技法本身。设计通过场所叠加传达的复合情绪，以及流动渗透的光影变化，深入探讨了人与自然、人与空间的多种关系。

间

学生 / 井雨瑶
导师 / 洪人杰

设计简介

设计基地位于泰国碧差汶府的山地区域，地处热带。地块南侧为瓦帕塔帕颂桥（Wat Phra That Pha Sorn Kaew）寺庙景区，中心有一座五重层叠的大佛，周围零星有当地民居。

在当地的自然环境中，植物数量和种类丰富。由于地处热带，落叶植物成为常绿树种中别样的存在。丛林间有许多枯木皮和大片落叶的遗存痕迹，它们时而覆盖于细小的枯枝或草丛顶部，形成天然的微小而无法界定边界的檐下领域；当地民居的墙面也大量使用了木皮材料作为立面装饰，木皮紧密而错落地排列，拥挤亦不乏缝隙，形成独特的肌理。

在对“第二自然模式”的探讨中，设计通过对于枯叶、木与周围生命组成的微空间的研究，进行模式、材料、空间的塑造。我以木皮剥落形成的矩形条状覆盖空间为原型，模拟层叠覆盖的手法，顺应场地高差的自然肌理，在平面、剖面与屋顶的错动之中形成水平与垂直深度多变、人文与自然边界模糊的连续流动空间，将其作为建筑辅助等次级空间的模式；关注场地周围的环境与对位关系，利用单坡屋顶的引导，在佛像时隐时现中打造仪式性特征空间，凸显礼堂等重点空间；通过纤细柱子的使用与屋顶材料的丰富性，实现对自然模式的拟态与在地性的呼应，整体创造第二自然的场所体验。

场地高差在重叠缝隙空间中得到消解，结合单坡屋顶的错动引入自然光线，将其作为指示空间深度与方向的线索；同时，倾斜的顶面引导另一方向向下的视线，将重点的仪式流线作为视线目标，礼堂空间则被置为仪式终点。

意象图

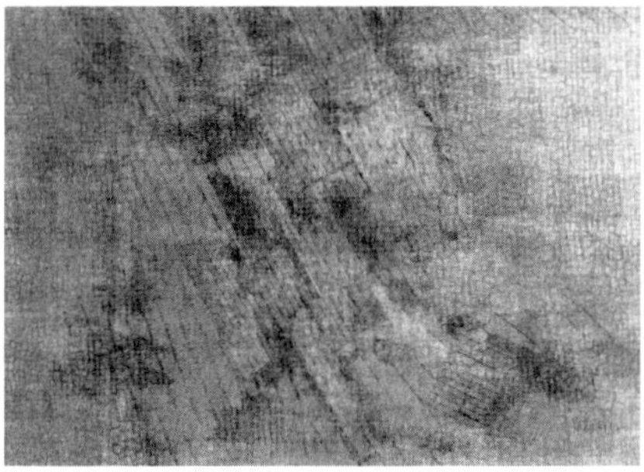

模型总平面图

1 大厅
2 展览 & 咖啡
3 宴会厅
4 礼堂
5 更衣室
6 办公室
7 厨房

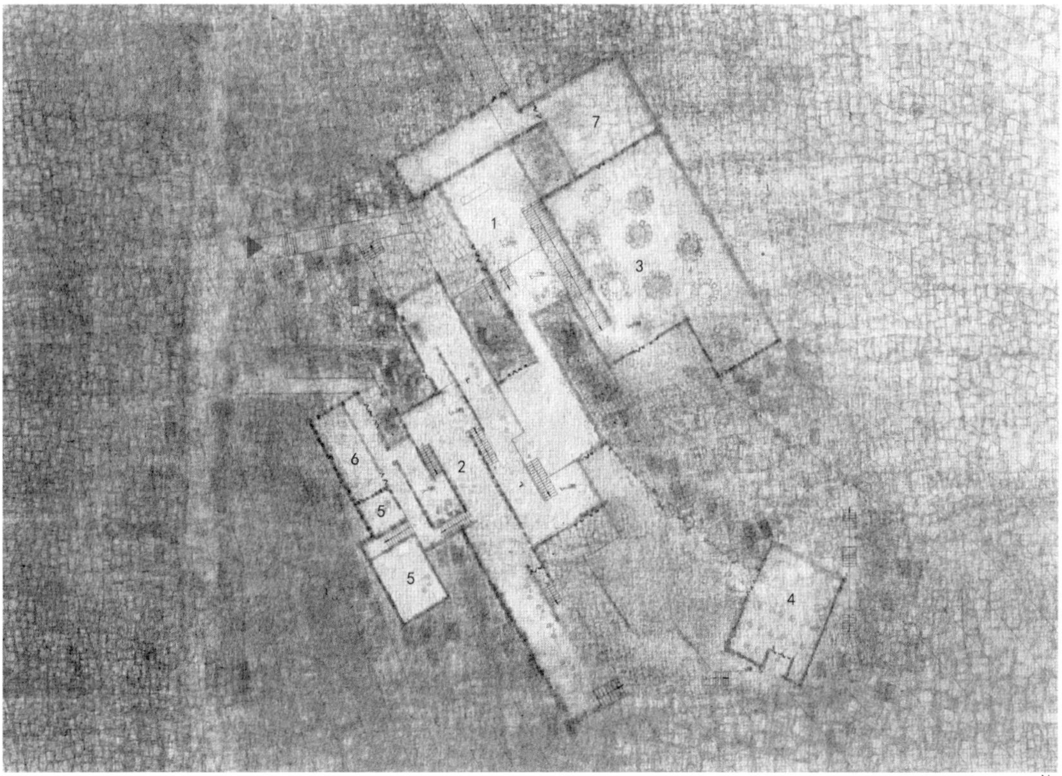

首层平面图

展览空间氛围

展览空间

走廊空间

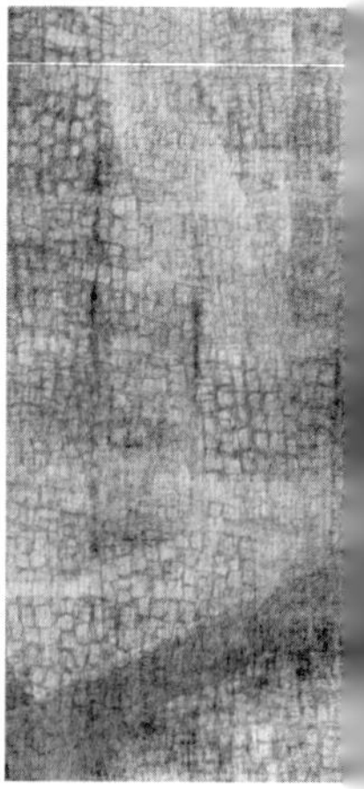
门厅空间

剖轴测图

入口

走廊空间

入口氛围

宴会厅氛围

模型照片

教师评语

此课题以泰国碧差汶府为载体探讨（非）常态性“第二自然模式”，与泰国春武里府基地课题是平行研究。透过两个场地的实验，深入探讨自然如何作为人与场所的连接媒介，从而创造出丰富多样的生活空间与原型状态。井雨瑶同学以泰国碧差汶府特有的山脉地形肌理，发展并转化出一套非常规的建筑图纸表达方式，此技法不仅呈现自然山谷的皱褶效果，也像是森林树丛中的落叶覆盖大地，更像是土壤颗粒的纹理——这些技法效果充分显示自然的介入如何激活与软化建筑内外之间的关联性。

在井雨瑶同学的泰国碧差汶府婚庆礼堂中心设计中，极大的地形高差成为设计特有的要素。步入建筑空间犹如进入深谷，坡道和楼梯间隔变换，创造出具有三维动态的场域性，同时也模糊了传统建筑中以墙体分隔空间的观念，进而创造出自然开放的共享场域。另外，在行走的过程中，两边墙体的延伸与角度变化，配合建筑屋檐的悬挑，创造出大量的灰空间，从而让室内空间有效外延，进而创造出令人印象深刻的婚庆空间。

千岛湖度假酒店

2

王彦

课题介绍

酒店空间是极具艺术性的生活空间，课题要求设计者巧妙地将自然景观与生活艺术相结合，创造新鲜的空间体验。此设计练习旨在引导学生思考建筑与自然之间相辅相成的关系，探索生活空间的艺术性表达，并学习处理坡地营造问题，了解度假酒店类建筑的设计要点。设计者必须在充分利用自然环境的基础上，提出与之相适应的建筑空间组织形态，营造宜人的度假空间氛围，同时考虑坡地营造操作的可实施性。

具体设计内容和要求如下：（1）根据坡地形态、消防道路可达性等环境条件，选择集中式或分散式的建筑空间布局形态；（2）合理分配酒店公共区域与客房区域的景观环境，以及相应的坡地建造方式和材料；（3）考虑在湖面的视角中，建筑与岛屿环境的和谐形象。新建建筑限高为 12 米。

基地介绍

千岛湖位于浙江省杭州市淳安县境内，与加拿大渥太华西南的金斯顿千岛湖、湖北黄石阳新仙岛湖并称为“世界三大千岛湖”。此湖于 2010 年被评为国家 5A 级旅游景区。本次课程设计拟在景区内的某岛屿上设置一处 3000 平方米的度假酒店。

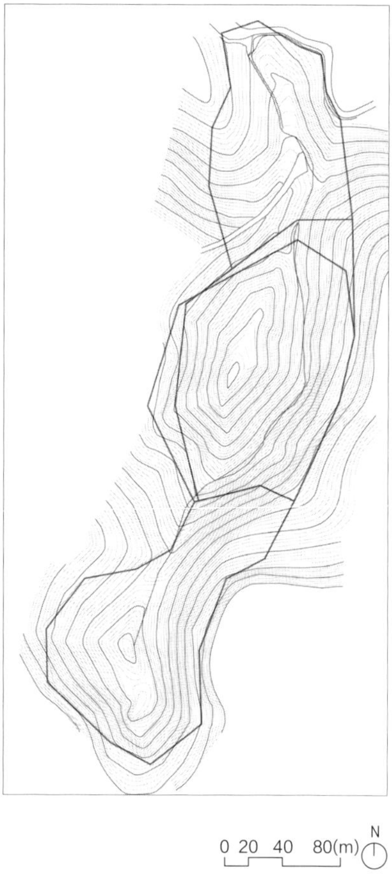

周次	时间	课程内容	形式
1	2020/11/12	任务书解读，场地调研，制作大基地模型 1/500	大组合作
2	2020/11/16	确立空间布局形态，分配公共区域和客房的景观资源	个人作业
	2020/11/19	总平面图 1/500，建筑体块模型 1/500	个人作业
3	2020/11/23	确定公区与客房平面，选择公区以及客房透视角度	个人作业
	2020/11/26	总平面图 1/500，公区平面图 1/100，客房平面图 1/50	个人作业
4	2020/11/30	明确坡地建造结构构造	个人作业
	2020/12/3	各层平面、剖面、立面图 1/100，客房平面图 1/50	个人作业
5	2020/12/7	准备中期汇报：总体模型，总平面图，各层平面、剖面图，客房平面图，透视图	个人作业
	2020/12/10	中期汇报	大组评图
6	2020/12/14	建筑设计深化调整，建筑外环境透视	个人作业
	2020/12/17	剖面、立面构造设计 1/20	个人作业
7	2020/12/24	建筑设计深化调整	个人作业
	2020/12/27	建筑设计深化调整	个人作业
8	2021/1/4	完成设计成果	个人作业
	2021/1/7	完成设计成果	个人作业
9	2021/1/11	完成设计成果	个人作业
	2021/1/14	终期评图	大组评图

依山望水

学生 / 熊亦萱
导师 / 王彦

设计简介

建筑总体布局位于基地西侧的山头：酒店公共区域集中设置在最西侧视野开阔的区域；独立式的客房分列南北，通过环绕山头的通道相连；辅助用房则设置在靠近入口处。在建筑元素上，选取近似江浙民居的木构架单层双坡屋面房作为基本单元，通过变形、重复、交错等方式进行组合，以适应不同的功能和环境。

酒店公共区域主要包括餐厅、泳池和SPA 区。该部分的设计从主场景图出发，首先以面向湖面布置的餐厅控制主轴线，两侧分别引出厨房等辅助空间和通往其他区域的休闲平台；由餐厅下方的台基部分向湖面延伸出无边泳池，在此基础上再向四周拓展产生 SPA 区和水上餐吧等，形成丰富的空间组合，随着山势跌落、扭转，让游客最大限度地获取景观视野。客房部分通过将起居室和卧室前后布置，尽可能使开间完整地向湖面打开；卧室、起居室和檐廊之间顺应地形留出高差，通过压低的屋檐将视线引向水面。

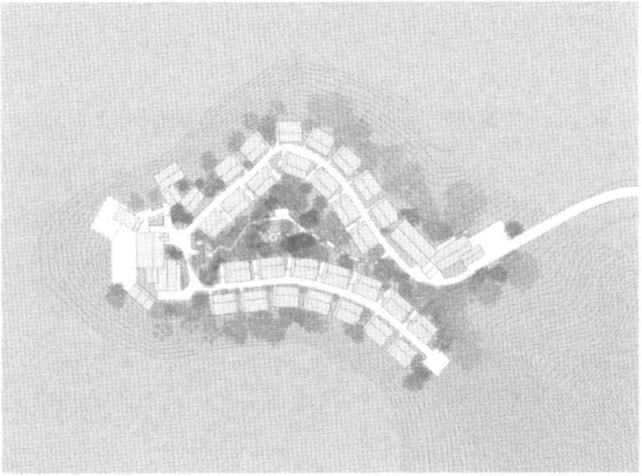

总平面图

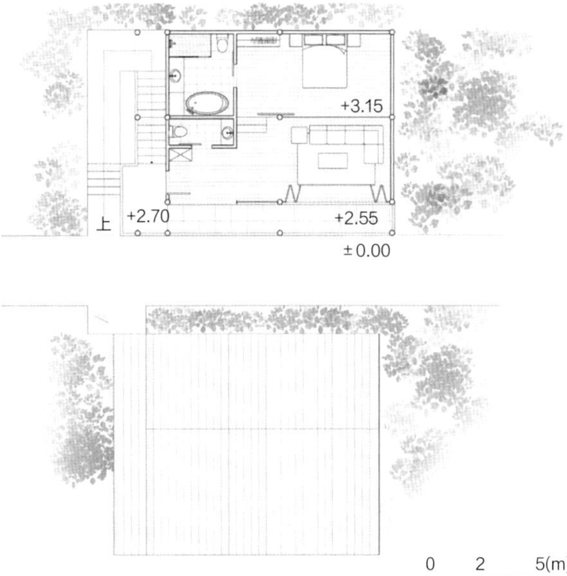

客房平面图

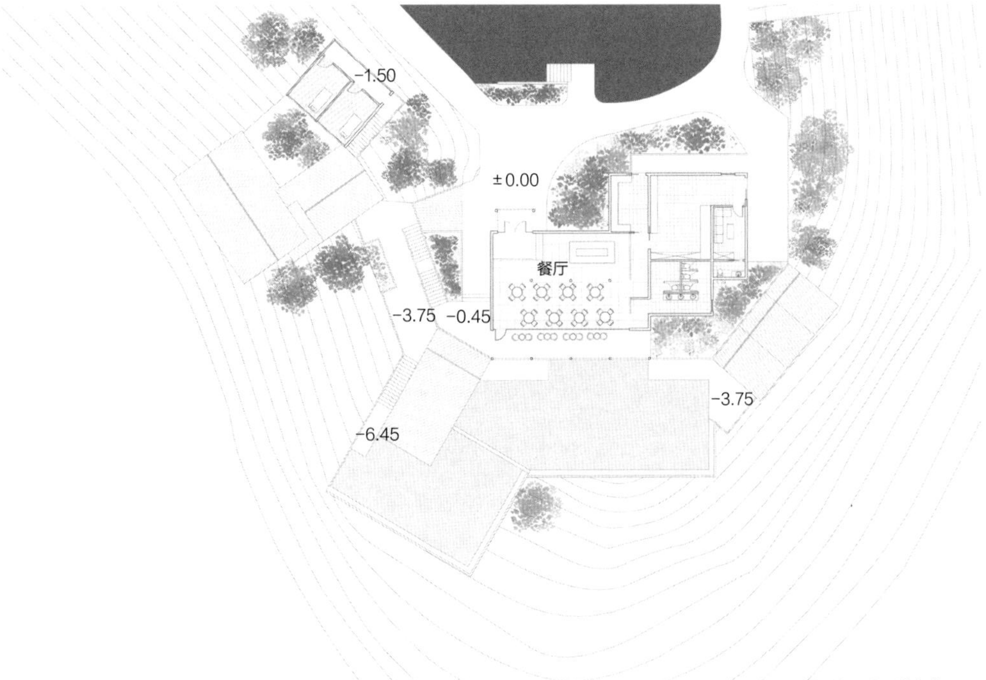

餐厅平面图

屋面构造
沥青瓦
挂瓦条
顺水条
油毡防水层
20 mm 厚定向刨花板
钢制仿木屋架
楼地面构造
30mm 厚面砖
专用聚合物面砖黏合剂
15mm 厚水泥砂浆打底
100mm 厚素混凝土
400mm 高空腔
50mm 厚石膏吊顶板
泳池构造
20mm 厚面砖
专用聚合物面砖粘合剂
10mm 厚水泥砂浆打底
防水涂料
150mm 厚钢筋混凝土板
200mm 厚素混凝土垫层
素土夯实

餐厅及泳池剖立面

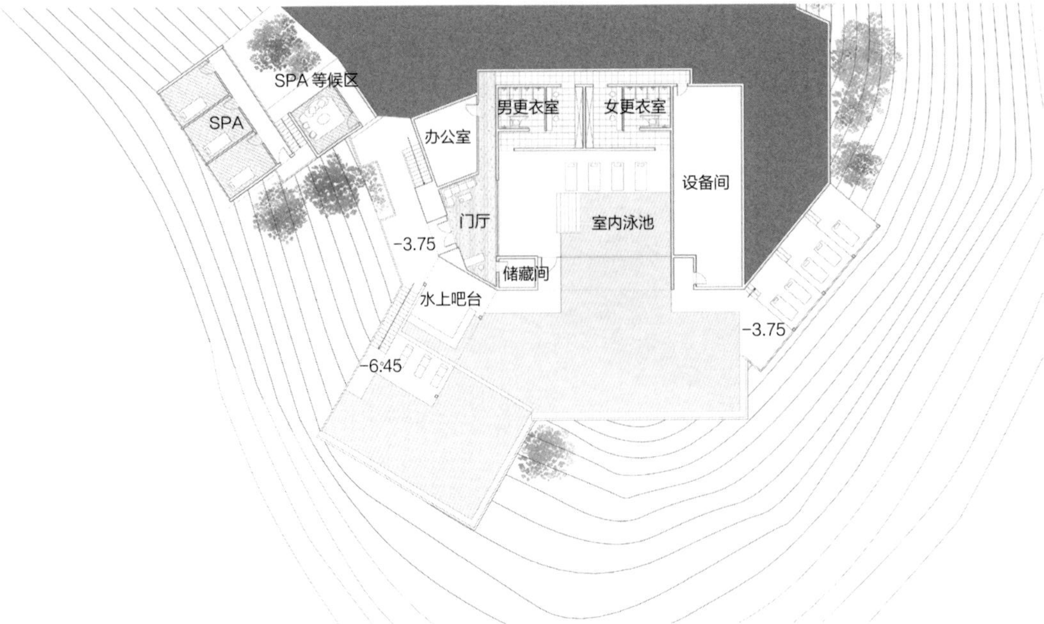

泳池平面图

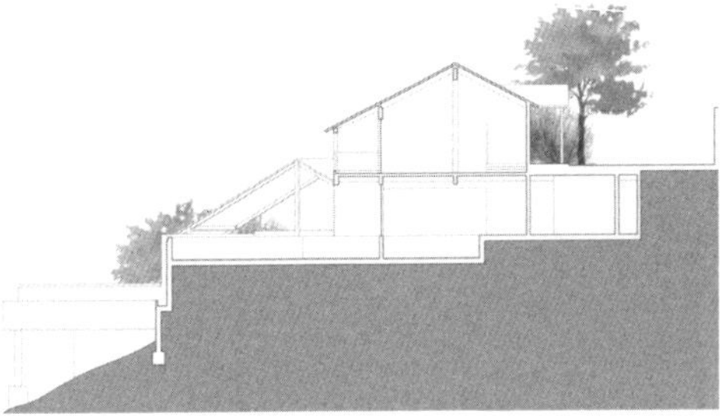

餐厅及泳池剖面图

客房剖面图

教师评语

因地制宜，化整为零。此方案设计巧妙地将一系列小体量空间顺应地形布局。公共区域能够充分利用景观朝向，创造丰富而动人的场景。高差跌落的客房设计形成了生趣盎然的空间特质，让人印象深刻。如果能进一步在入口落客区域加以适当刻画，会有利于丰富游者的完整场所体验，达到先抑后扬的效果。

岛隐于顶

学生 / 黎嘉颖
导师 / 王彦

设计简介

静谧的山林有一隐秘之处，
敞开在山顶清晨带有寒意的空气中，
身体被温泉的氤氲萦绕，
观天看湖，听雨触雪。

第一次想象“氛围”时，我只给出了“建筑消隐于自然环境中，需要人去探索”的描述。当时提及的探索单纯是路径上的探索，有骤然发现桃花源的意味，而王老师当时把氛围理解为“探索另一个场景”。在之后的设计推进中，我把探索进一步分成了两个层面——一是发现建筑的过程是隐藏的、需要探索的；二是空间带给人的感受是新鲜的、独特的、需要摸索的。卒姆托在《建筑氛围》中说，打动人的是场景的一切，是事物本身，是人群、空气、喧嚣、声响、颜色、材质、纹理、形式，还有观者的心绪、感受，以及他坐在那里时使他满足的期待感。我渐渐产生了一种浴场和酒店该是怎样的想象，我期待建筑会为身体带来怎样的感受，于是乎便有了上面的一段文字，那是属于那个场景的氛围。

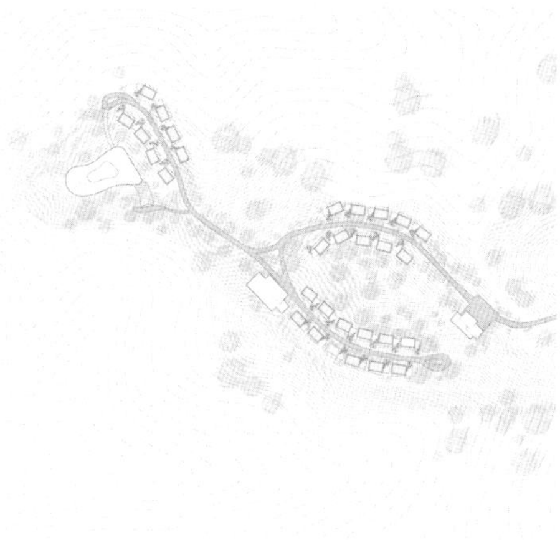

总平面图

0 20 50 100(m) N

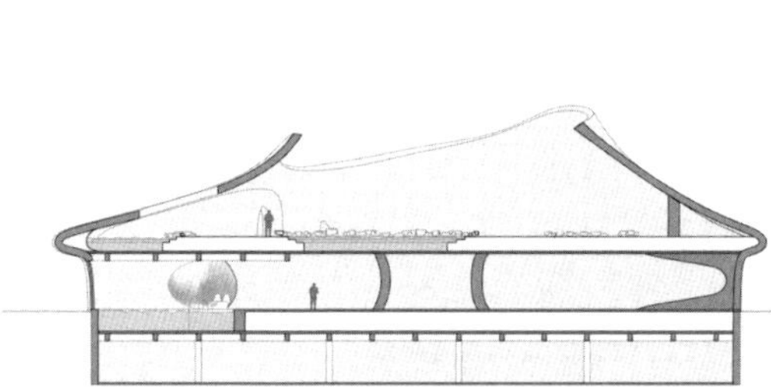

浴场剖面图

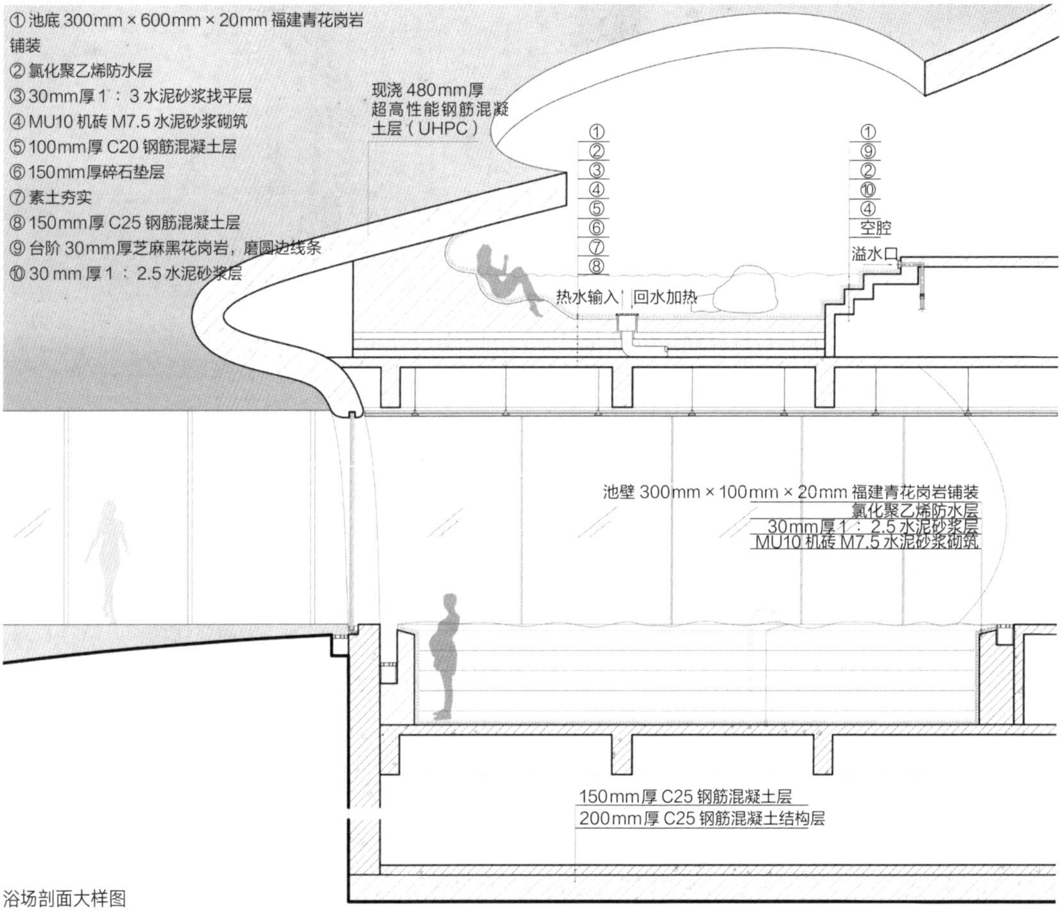

浴场剖面大样图

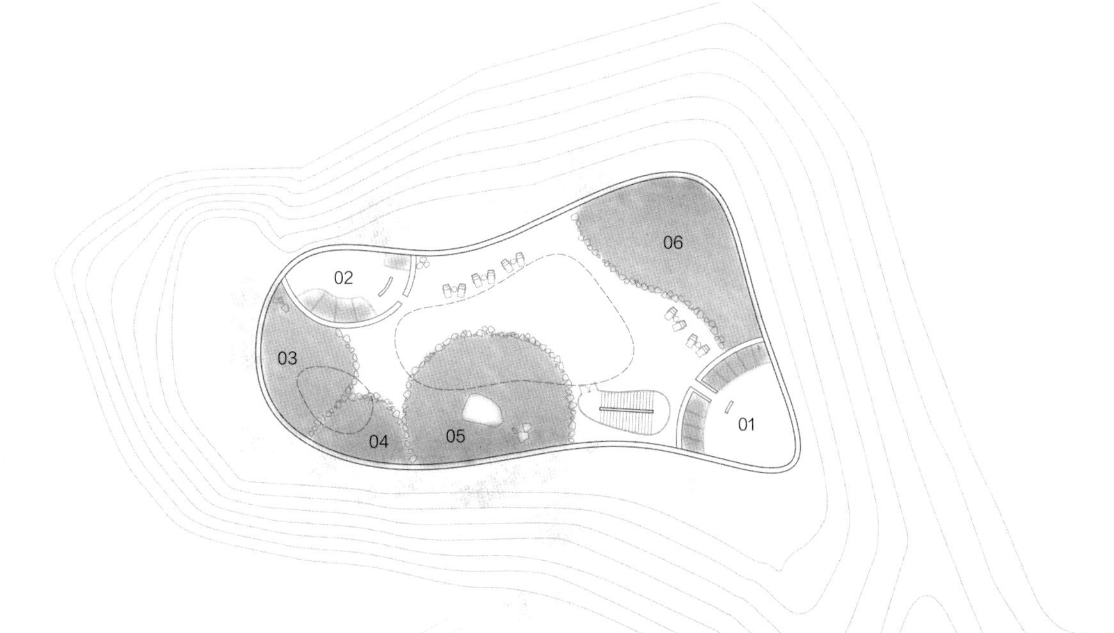

浴场三层平面图

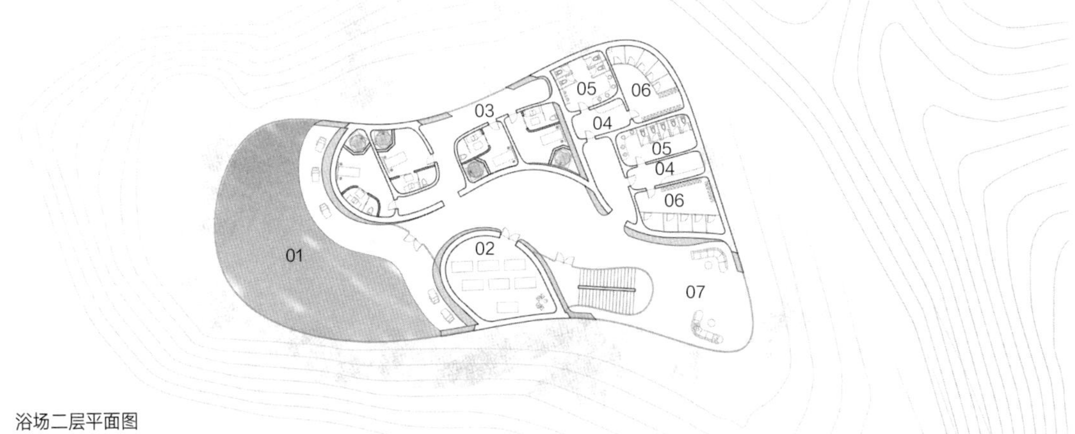

浴场二层平面图

浴场三层

01 桑拿房

02 冷热水浴区

03 药泉

04 人参泉

05 茶泉

06 牛奶泉

浴场二层

01 游泳池

02 瑜伽及冥想室

03 SPA 水疗室

04 吹风机区

05 洗手间

06 更衣淋浴区

07 接待处

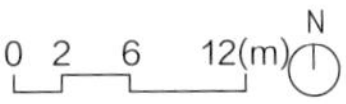

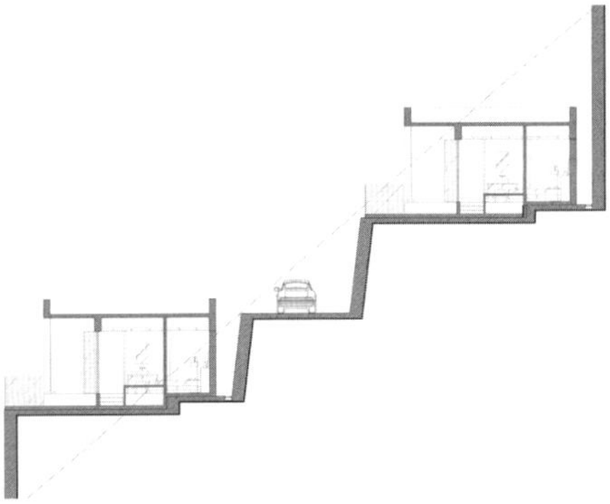

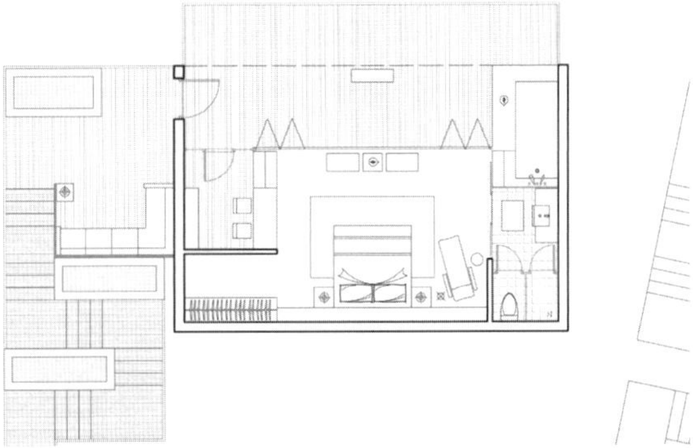

教师评语

充满想象的空间体验是方案的吸引人之处，不同于普通的泳池 SPA，此方案在利用自然环境塑造场所氛围方面有着独到之处，给人与众不同的惊喜。总体布局充分利用两座山头的不同层次的景致，客房由进入到观景的空间品质与体验也把控恰当。

亭林山舍

3

肖闻达

课题介绍

课题拟设计一处包含研习赏游、住宿、餐饮功能的综合场所。研习赏游空间将承办一系列和当地文化相关的活动，如顾炎武研学、昆曲展演、吃茶、品蟹、赏月等。设计方案需要结合山林景观塑造能够提供独特体验的场所。建筑还将提供高品质的餐饮、住宿、SPA 空间，平日面向公众开放；在活动期间，则为相关宾客提供服务。

基地范围划定在昆山市亭林园玉峰山西坡，临东仓基河，坡度 20%~40% 不等。同学们可依据自己对空间的想象和理解自行选址。

设计着重探讨地形、自然要素交织下的空间和场域的建造，以及不同私密度空间的组织关系。此外，建筑还需要与更大范围的景观，以及既有的赏游路径建立合适的关联，为当地的公共生活提供新的可能。

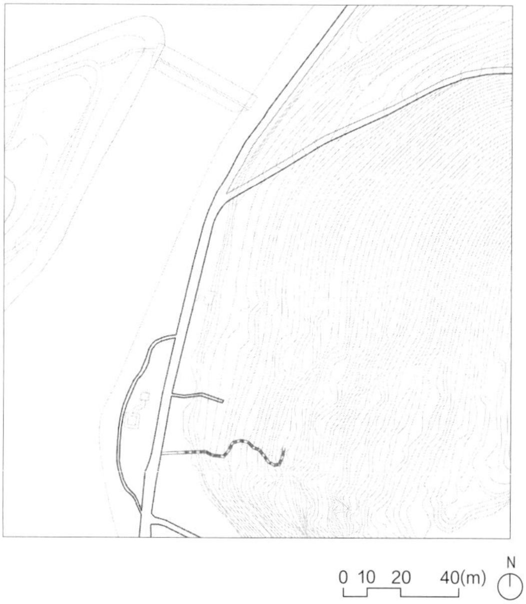

基地介绍

亭林园位于昆山市西北隅，因纪念顾炎武先生（号亭林）而得名。园中有玉峰山，拥有山林、古树、奇峰、湖泊等多重自然景观，山林之中还隐藏着多处精妙的人文古迹空间，两种景观相映成趣，历来为游览胜地。陈从周先生曾评价“江南园林甲天下，二分春色在玉峰”。

周次	时间	课程内容	形式
1	2020/11/12	布置场地调研任务	大组讨论
2	2020/11/16	布置项目调研作业及设计任务	大组讨论
	2020/11/19	项目 + 场地调研汇报，头脑风暴 制作大基地模型 1/500，制作方案草模 1/500，绘制草图，形式、数量不限，A3 打印或拼贴	大组讨论
3	2020/11/23	讨论概念方案，每人 4 页 A3 打印： ①设计意向说明：外部 + 内部 ②制作模型 1/500，可体现拼贴或透视 ③平面图，剖面图，计算面积	个人作业
	2020/11/26	讨论概念方案： ①设计概念及项目说明 ②模型 1/500，各层平面、剖面图 1/200	个人作业
4	2020/11/30	小组评图： ①设计概念及项目说明 ②模型 1/500，各层平面、剖面图 1/200	个人作业
	2020/12/3	深化功能动线，内外关系、内部关系 概念说明，意向图，平立剖面图 1/200，重点透视图，SketchUp 模型或手工模型	个人作业
5	2020/12/7	深化功能动线，内外关系、内部关系 概念说明，意向图，平立剖面图 1/200，重点透视图，SketchUp 模型或手工模型	个人作业
	2020/12/10	中期汇报	大组评图
6	2020/12/14	深化功能动线，内外关系、内部关系 概念说明，意向图，平立剖面图 1/200，重点透视图，SketchUp 模型或手工模型	个人作业
	2020/12/17	磨合与刻画 概念说明，意向图，平立剖面图 1/200，重点透视图，SketchUp 模型或手工模型	个人作业
7	2020/12/21	磨合与刻画 概念说明，意向图，平立剖面图 1/200，重点透视图，SketchUp 模型或手工模型	个人作业
	2020/12/24	磨合与刻画 概念说明，意向图，平立剖面图 1/200，重点透视图，SketchUp 模型或手工模型	个人作业
8	2020/12/28	设计表达：手工模型	个人作业
	2020/12/31	设计表达：图纸	个人作业
9	2021/1/4	设计表达：图纸	个人作业
	2021/1/7	终期评图	大组评图

层层屋檐

学生 / 陈星汉
导师 / 肖闻达

设计简介

本设计以坡屋顶覆盖下的条状空间为基本单元，建立与自然亲近、连续的关系，通过一条分岔的主动线将不同的单元组织起来，形成景色不断延展、相互渗透的体验。主入口是一段窄长的前廊，和山林接续。门厅有着向山上和山下打开的通畅视野，路径在此分岔：一条上山，进入 SPA 和住宿的空间；一条向下，进入餐厅和研习的空间。功能空间被设计为厚墙、实体量，并和建筑的台基一起消隐在山体中。主动线和开放空间被层层屋檐覆盖，木质结构，姿态轻盈。这两种空间的交织形成了空间体验的张力。

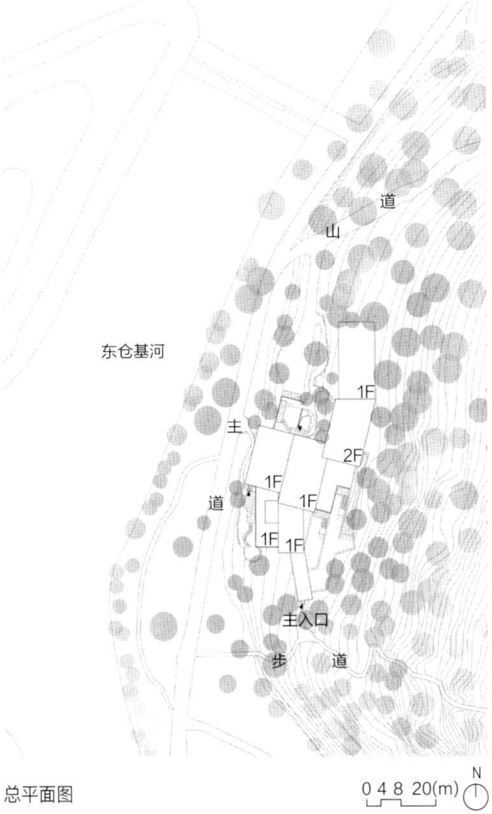
山
道
东仓基河
1F
主
2F
1F
道
1F
1F
1F
主入口
步
道
0 4 8 20(m)
N
总平面图

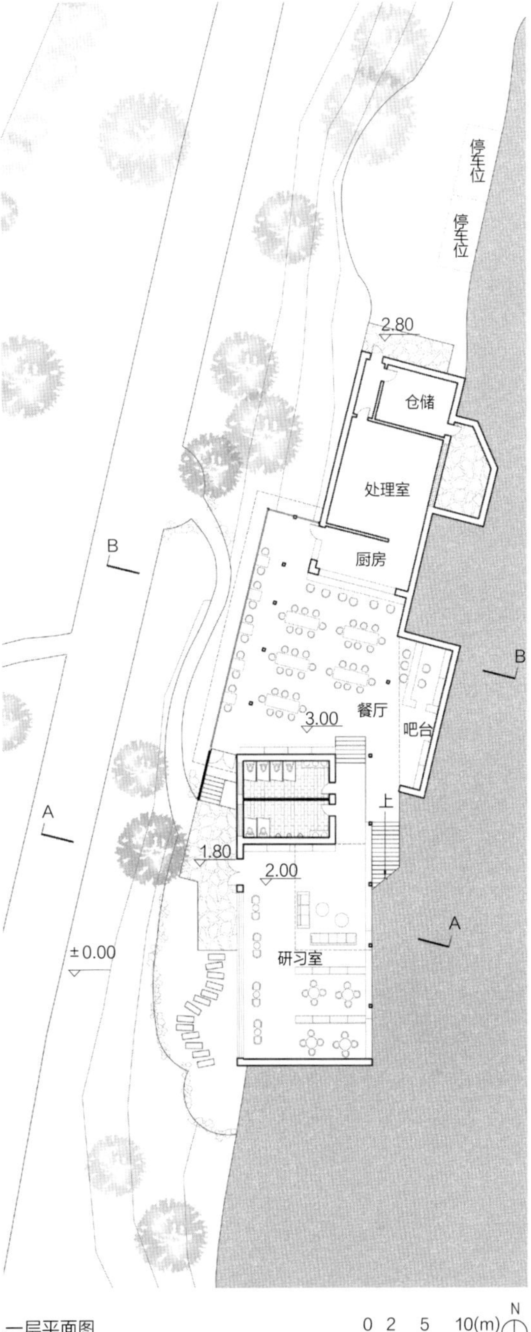
停车位
停车位
2.80
仓储
处理室
B
厨房
B
餐厅
3.00
吧台
A
上
1.80
2.00
A
±0.00
研习室
0 2 5 10(m)
N
一层平面图

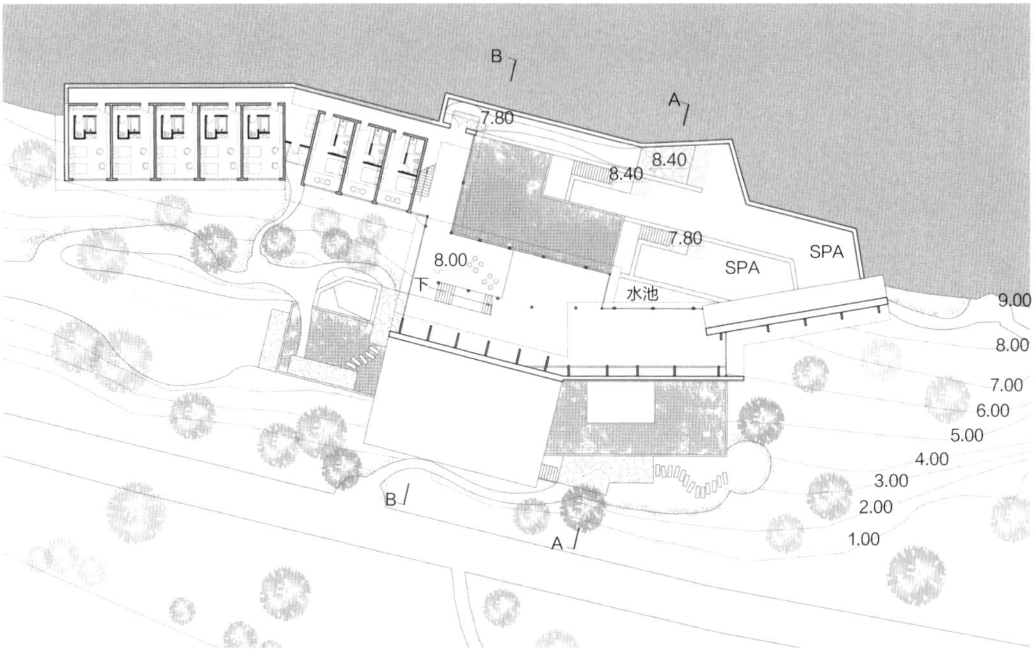
B
A
7.80
8.40
8.40
7.80
8.00
下
SPA
SPA
水池
9.00
8.00
7.00
6.00
5.00
4.00
3.00
2.00
1.00
B
A

三层平面图

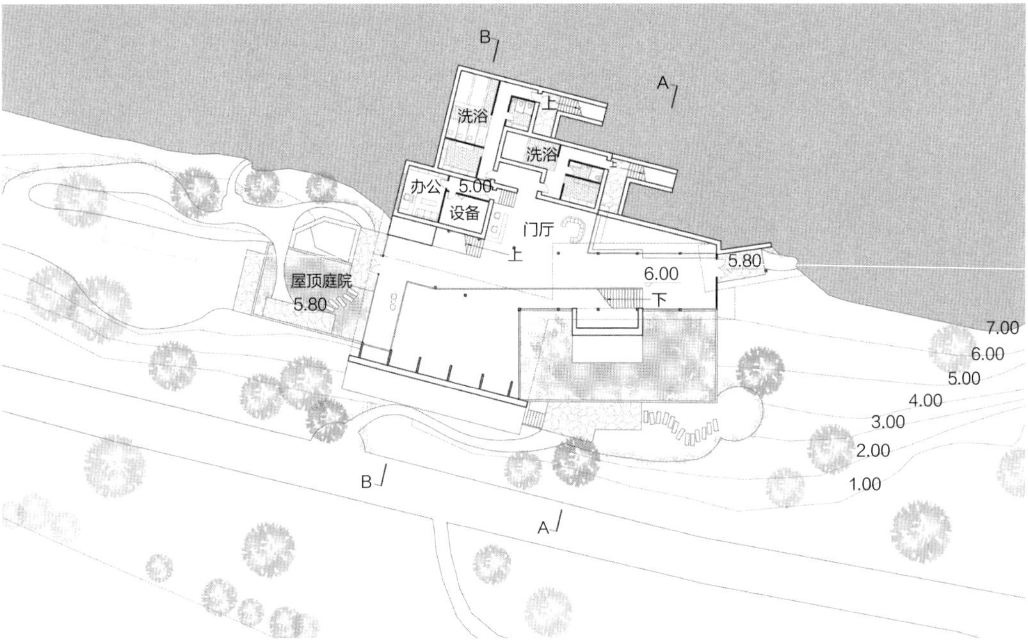
B
A
洗浴
上
洗浴
办公
5.00
设备
门厅
上
屋顶庭院
5.80
6.00
5.80
下
7.00
6.00
5.00
4.00
3.00
2.00
1.00
B
A

二层平面图

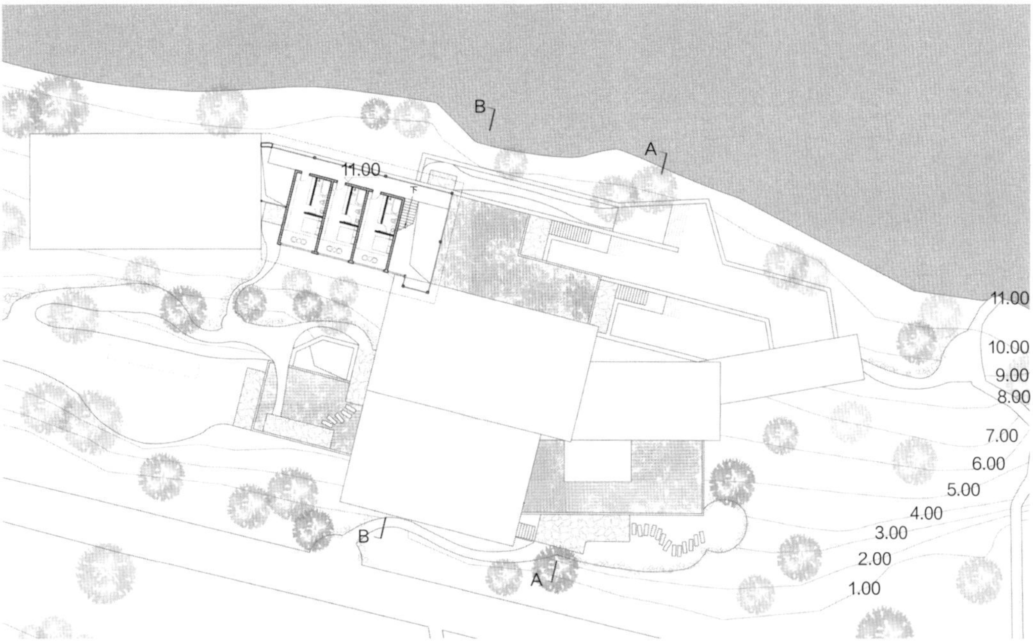

四层平面图

A-A 剖面图

B-B 剖面图

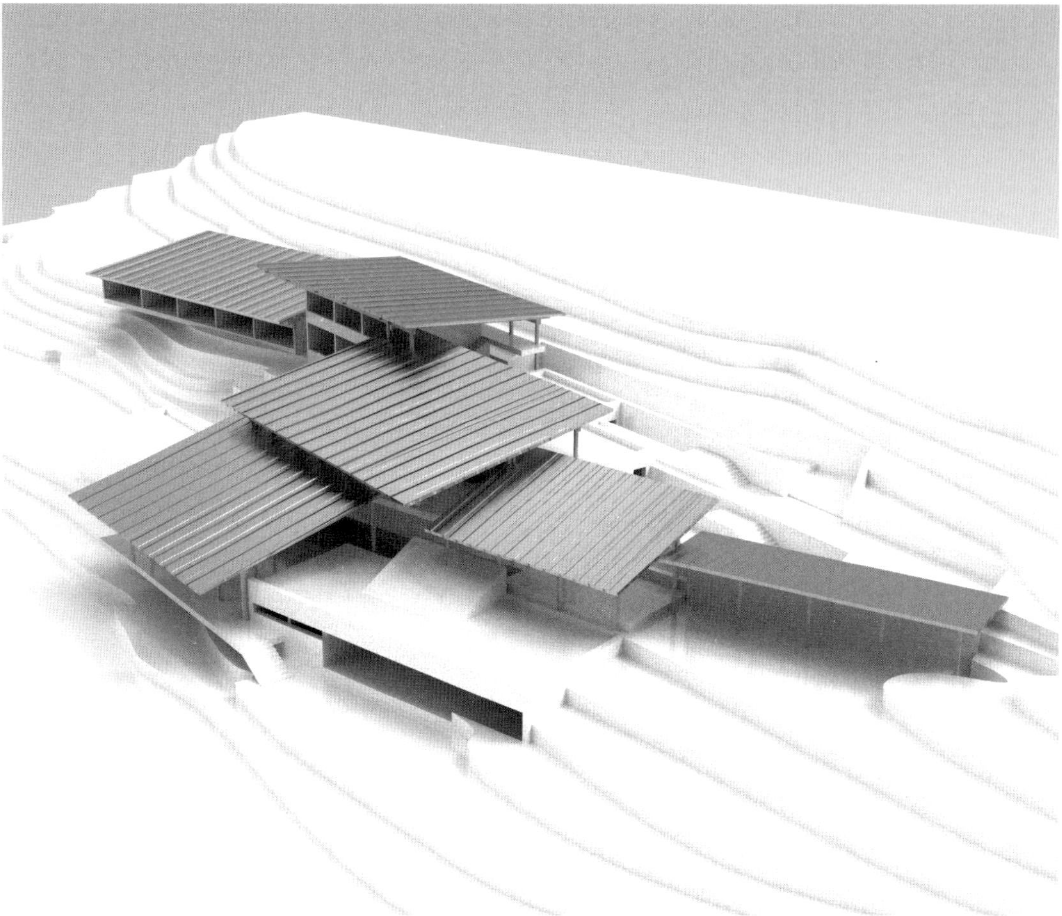

教师评语

陈同学最初的设想是通过轻盈的一串覆盖，实现建筑与山林互相连续、渗透的体验。

该设想的难点是如何消化较大的功能体量。在方案的推进过程中，核心内容之一是对功能进行梳理：将部分功能与大地结合，形成下部基座空间；同时将部分公共性较强的功能置于屋檐覆盖下，通过覆盖与下部空间的组合实现整体的构成。下部由实体界定的空间，布置了温泉、餐厅等功能，并与山地景观整体塑造，形成与覆盖交叠错动的关系，提供不断展开的、富有趣味的空间体验。

核心内容之二是对动线进行分岔、回游的处理，利用山地地形，实现空间在内部折叠延展、小中见大的效果。例如，高处的温泉池既与山林结合，提供连续的泡汤体验，又与较低的入口檐廊组合，形成水雾弥漫的入口景观。

山街探景

学生 / 张辰来
导师 / 肖闻达

设计简介

场地所在山体可以通过南北两侧步道通向景点，但路线较长且陡，中间休息平台少，游客在爬山过程中,缺少足够的休息时间与空间。

山体现有植被茂密、树木高大，虽然山景秀美，但是对远处河景的遮挡较多，朝向河的观景视角缺失。因此，我希望设计出既可远眺观景，又可供游客在爬山中途休息娱乐的空间。具体的设计手段是使观景平台向各观景角度延展，来达到向景“探出”的目的。在功能的整体分布上，公共空间沿等高线分布，彼此间高差较小，相互之间可达性较强，而酒店空间则位于更高处，酒店与公共空间的高差较大，可达性较低，通过这样的方式来区分私密与公共空间。方案在不同高度分别设有三个入口：位置最低的入口为展厅入口，底层展厅空间向周围的山林景观延伸；山腰的入口为主要入口，主要通向餐厅、茶室和露天观景平台，站在平台可远眺河景，室外观演区则顺山势而下，游客可以坐在台阶上欣赏远景；最高的入口为酒店入口，入口通道可供车行，酒店客房内可俯视山景。

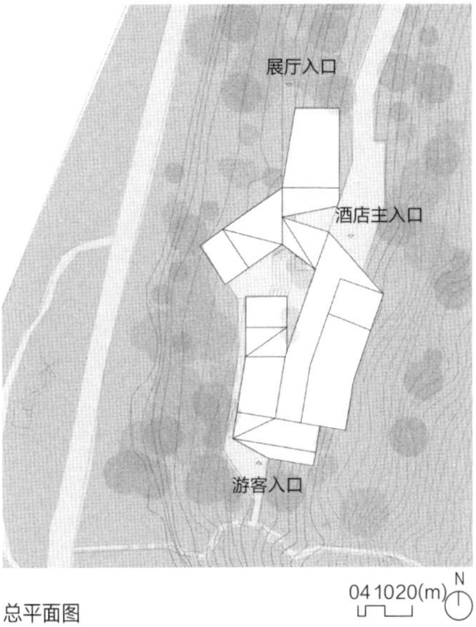

总平面图

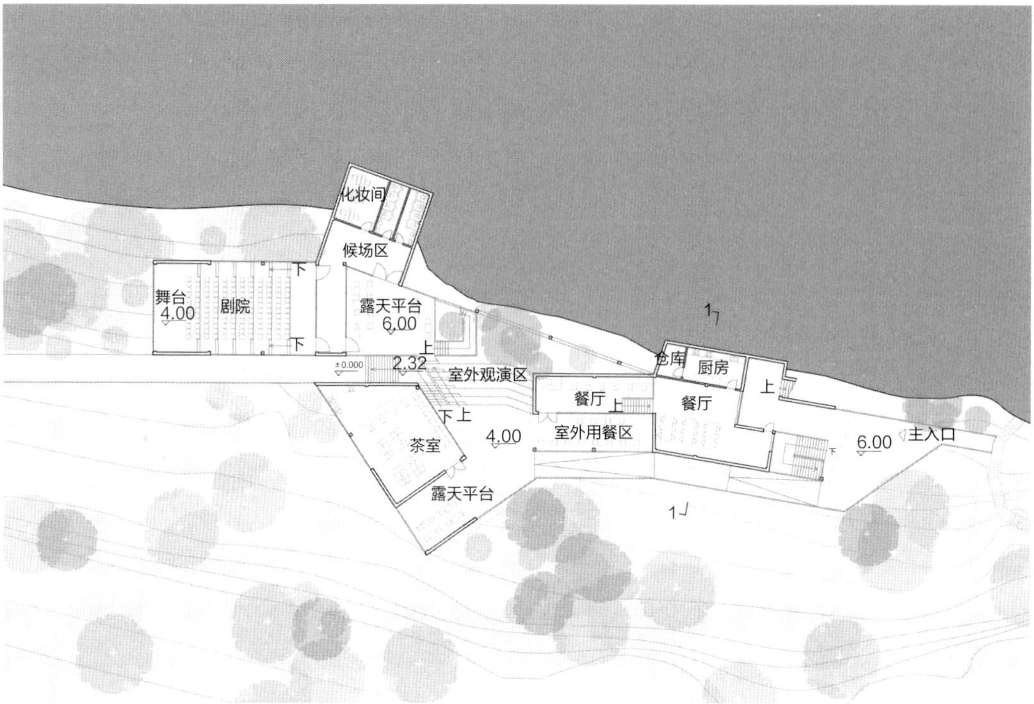
化妆间
候场区
下
舞台
4.00
剧院
露天平台
6.00
下
上
±0.000
2.32
室外观演区
下 上
茶室
4.00
露天平台
餐厅
上
餐厅
室外用餐区
仓库
厨房
上
6.00
主入口
1
1

二层平面图

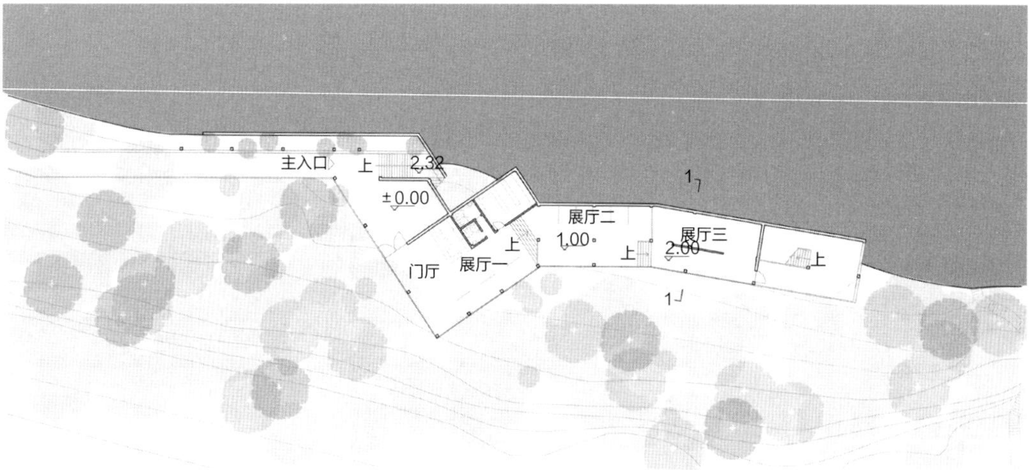
主入口
上
2.32
±0.00
展厅二
1.00
上
2.00
展厅三
上
门厅
展厅一
上
1
1
0 2 5 10(m)
N

一层平面图

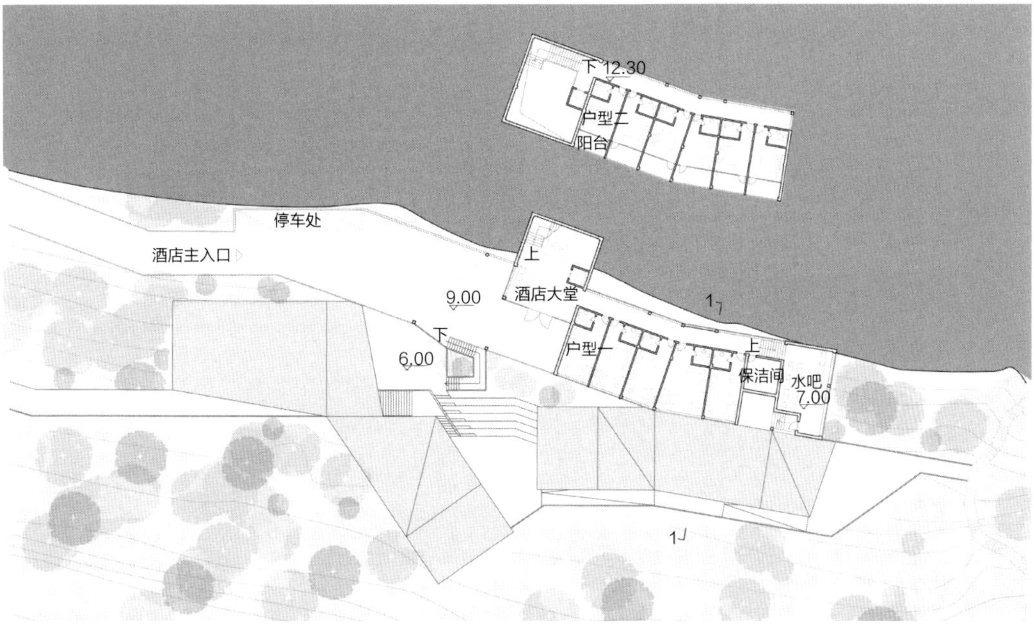

三层平面图

立面图

1-1 剖面图

教师评语

方案最早的概念草图中包含了两张剖面图：平行于山体设置建筑体量和向外悬挑的步道，设置沿坡度分布的台阶，让游客面向东仓基河景观休憩停留。这是在场地踏勘后同学对于身体体验和景观资源的直觉反应，即游客应该置身于茂密的树冠之上，与更广阔的景观产生联系。设计的难点是如何将片段的剖面体验组织成建筑，恰当地回应场地高差，以及满足不同功能对景观资源、私密性、动线组织的不同要求。这需要设计者反复调整平面、剖面和模型。方案的核心突破点是设计者构想出手指状分岔又汇聚的体量，不同标高的动线从“手指”的缝隙接入场地。“之”字形布局巧妙地解决了展览、餐厅、住宿和剧场之间私密性与联通性的冲突，体量与动线时而平行、时而偏离，使人的身体靠近或远离山体，塑造了种种提供意外惊喜的游览体验。

遇见 2025——梦溪论坛国际交流中心

4

王惟捷

课题介绍

课题要求学生在杭州市余杭区东明山森林公园这一具有独特自然和文化背景的地点，进行创新性建筑设计。学生将通过一系列的研究和设计活动，学习将建筑与自然环境和谐融合，同时考虑建筑的功能性、象征性以及与文化元素的结合。通过本课题，学生不仅能够提升设计能力，还能够培养对自然环境的尊重和保护意识。

基地介绍

基地位于杭州市余杭区东明山森林公园内部。东明山位于杭州市区西北部、良渚古城遗址北侧，毗邻瓶窑及大径山板块，104 国道、宣杭线等交通干线从基地周围穿过，与杭城主城区相连，区位、交通条件较具优势。基地所处地块属天目山山系之余脉，为低山丘陵地貌，内部森林覆盖率高达 95%，林木种类丰富，且拥有历史悠久的良渚文化。良渚文化蕴含尊重自然与生态、营造田园栖居生活的理念。在后续设计过程中，出于对良渚区域历史文化的研究及对基地自然山林的尊重，课题致力于通过视觉、空间、行为等关系处理的手法，使建筑融入自然，让人工建造的建筑环境重现原生自然的山野气息及良渚气质。

周次	时间	课程内容	形式
1	2021/11/4	课题宣讲，分组	大组讨论
	2021/11/8	组内自我介绍，布置作业一（A/C/D）	个人作业
2	2021/11/11	交作业一，布置作业二（A/B/C）	个人作业
	2021/11/14	参观基地，交作业二，布置作业一（B）	个人作业
3	2021/11/18	交作业一，提出整体设计概念、环境关系设计	个人作业
	2021/11/22	建筑设计（大组评图）	大组评图
4	2021/11/25	环境关系与建筑设计（个人评图）	个人作业
	2021/11/29	环境关系与建筑设计（个人评图）	个人作业
5	2021/12/2	确定环境关系与建筑设计，提出立面与材料概念	个人作业
	2021/12/6	确定立面与材料	个人作业
6	2021/12/9	提出室内氛围概念	个人作业
	2021/12/13	确定室内氛围	个人作业
7	2021/12/16	综合评估，图纸表达	个人作业
	2021/12/20	综合评估，图纸表达	个人作业
8	2021/12/23	图纸及模型表达	个人作业
	2021/12/27	图纸及模型表达	个人作业
9	2021/12/30	终期评图	大组评图

隐山里

学生 / 赵颖杰
导师 / 王惟捷

设计简介

设计基于对自然环境的尊重，希望建筑从山地中“生长”出来，通过顺应山势、模糊山体与建筑的边界、增强体量水平感等策略，使人工建造的建筑成为自然山体的延伸部分。本设计以一条具有仪式感的大楼梯横跨山脉、贯穿建筑，它在引导流线的同时，也是将游客带到各层屋顶及对岸山脉的特殊路径。室外流线贯穿，室内空间也同样畅通。为增加报告厅这一最重要空间的活跃度，报告厅两侧设置了中庭，这两个中庭及入口处的中庭共同打破了层的概念，使整体空间在剖面上呈现流动的效果。三个中庭都设计了外部流线与内部流线交叉的休憩节点，节点上方设置了天窗，通过光线引导游客在室内驻足与攀升。

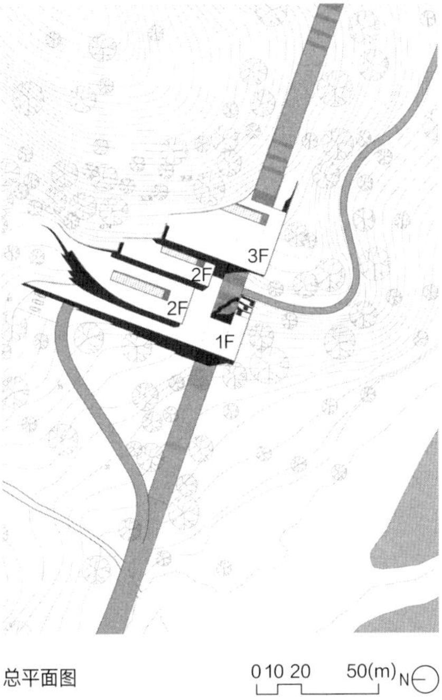
3F
2F
2F
1F
0 10 20 50(m) N

总平面图

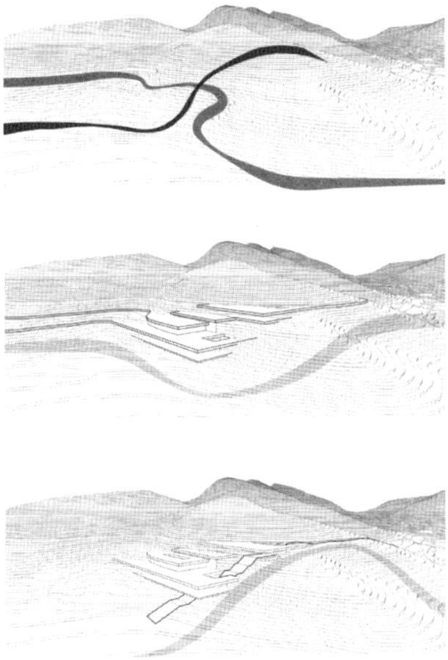

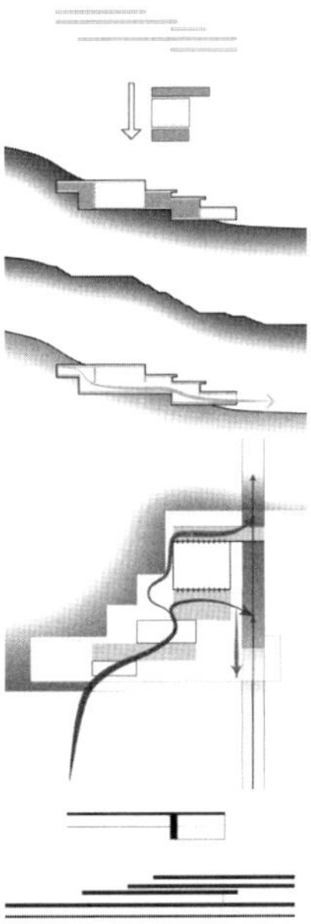

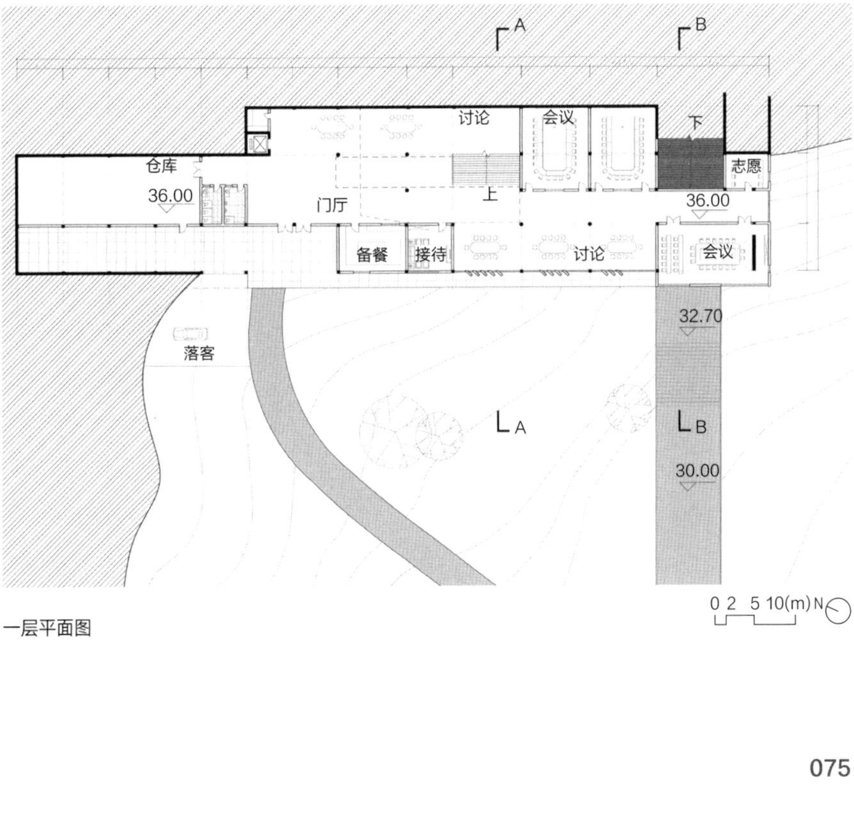
A
B
讨论
会议
下
仓库
志愿
36.00
门厅
上
36.00
备餐
接待
讨论
会议
32.70
落客
A
B
30.00
0 2 5 10(m) N

一层平面图

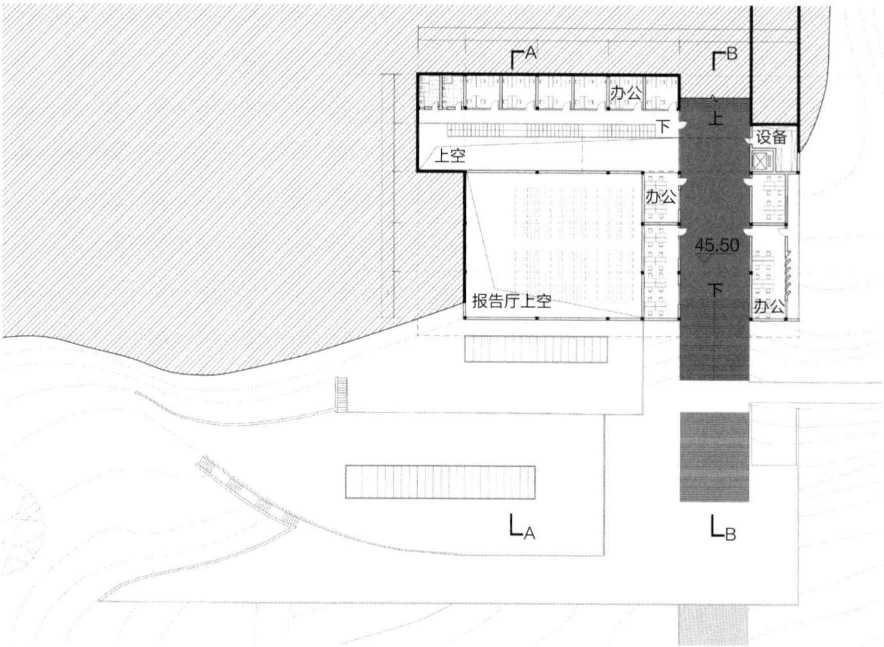
A
B
办公
下
上
设备
上空
办公
45.50
下
报告厅上空
办公
A
B

三层平面图

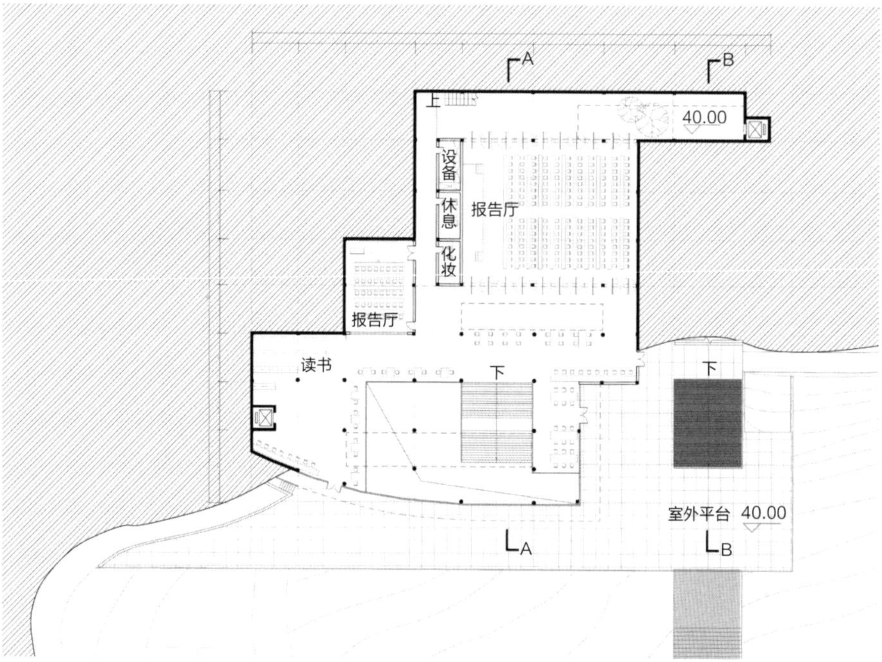
A
B
上
40.00
设备
休息
化妆
报告厅
报告厅
读书
下
下
室外平台
40.00
A
B

二层平面图

报告厅入口透视图

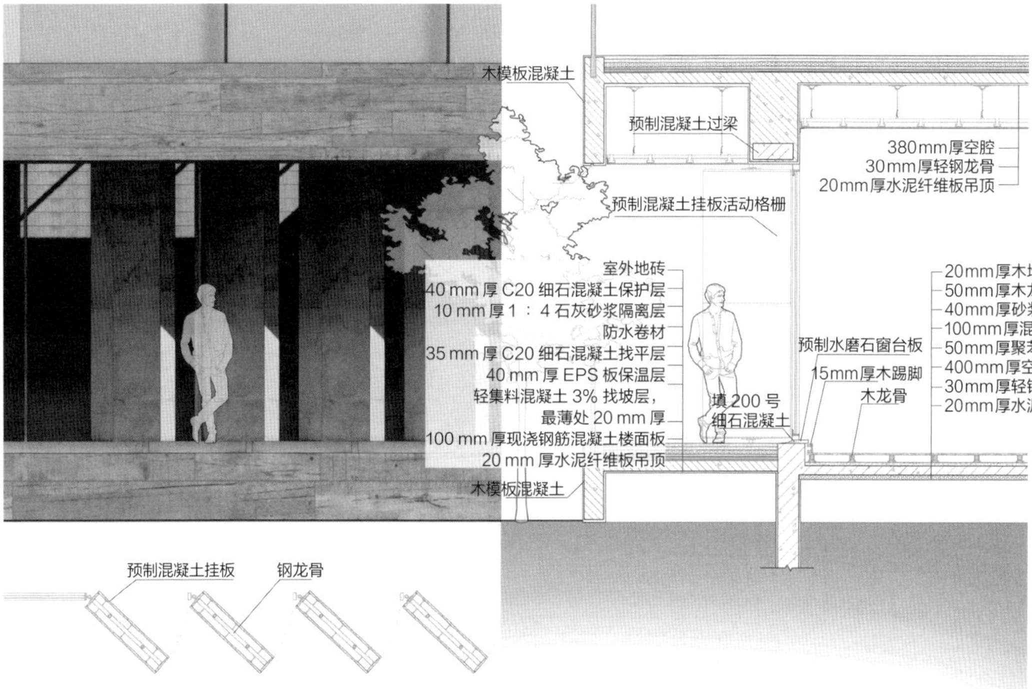

构造大样图

报告厅出口透视图

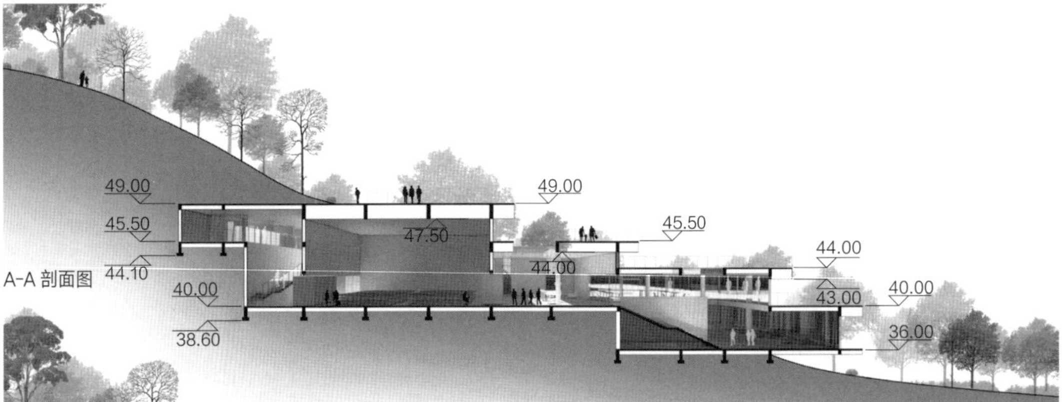

A-A 剖面图

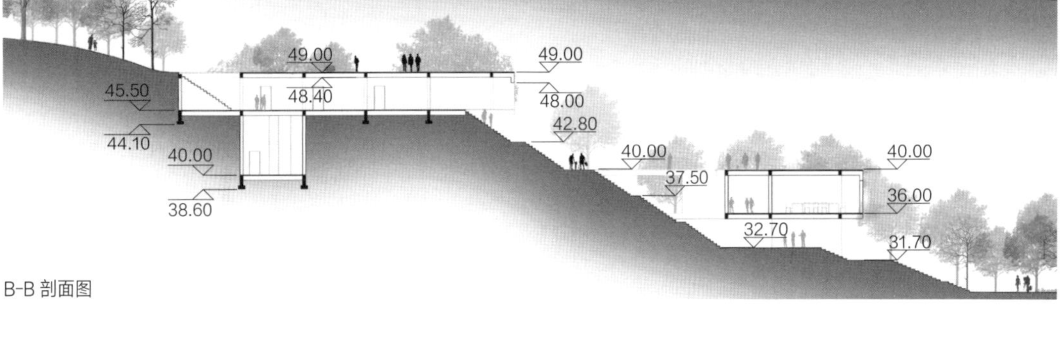

B-B 剖面图

室外效果图

南立面图

西立面图

教师评语

赵颖杰同学在设计伊始就选择了建筑体量延续原有山势的场地策略，并坚持围绕该策略不断完善设计。最后的设计成果很好地回应了自然场地，平面布局合理，流线清晰，空间层次丰富，并完成了构造细部和立面效果的对应设计，达到了一定的设计深度。

拾级而上

学生 / 刘星琦
导师 / 王惟捷

设计简介

本次设计课题为梦溪论坛国际交流中心建筑设计，设计概念为打破壁垒，旨在创造一个开放共享的学术研讨空间。由概念出发，建筑内部空间的组织逻辑为在开放的大空间内置入功能盒子。基地选址位于康门水库北侧山地，地势东北高西南低，建筑顺应地形，以匍匐的姿态融入环境，内部形成了北高南低的独特空间布局。

主入口置于北侧。功能上，北侧最高处设有中央会议厅，面向广阔的山谷景观，为重要学术讲座和会议活动提供优质环境；中部设有会议室、学术演播厅、书店，为小规模讨论和学术研讨提供了私密且功能齐备的场所；最低处为个人工作室和开放的多人讨论空间，鼓励自由思考与小组合作，营造出创新和探索的氛围。流线上，建筑中部设有连续的坡道模拟爬山的路径，同时也暗示着科学家们在探索未知时不懈攀登的精神。

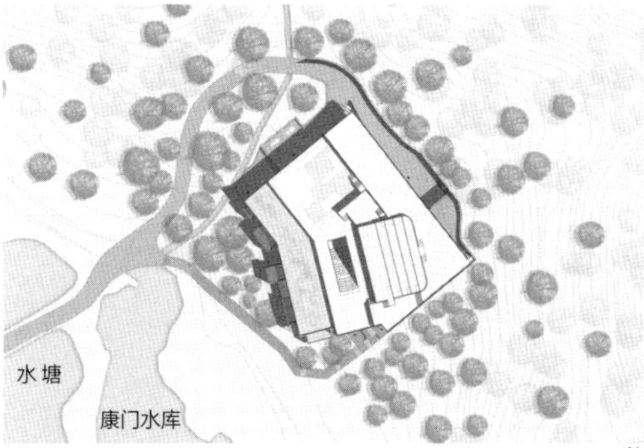

总平面图

透视图

一层平面图

屋顶平面图

室内渲染图

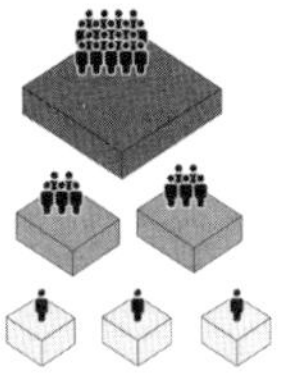

1. 根据独立工作室、会议厅和报告厅的功能需求，将主要功能空间归纳为个人、多人、群体三个类别。

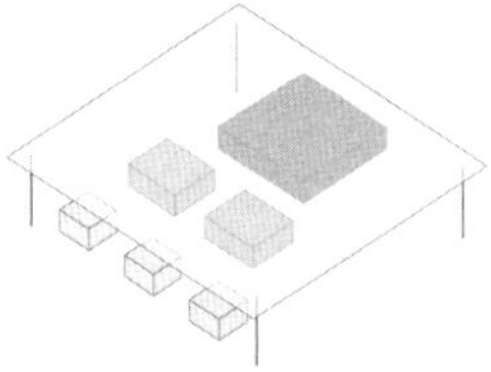

2. 提出打破壁垒的设计概念，生成大屋檐下独立的功能盒子的空间原型。

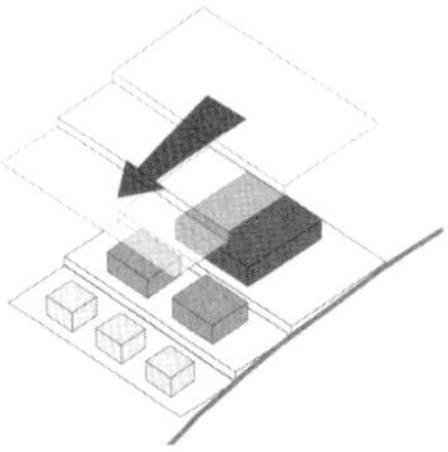

3. 顺应山地地形，将不同功能的空间放置在不同高度上。

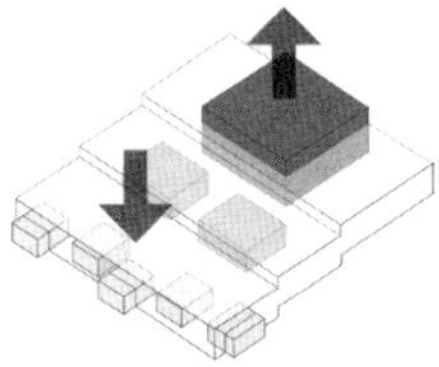

4. 根据不同功能需求调整各空间高度，与公共空间形成不同的空间关系。

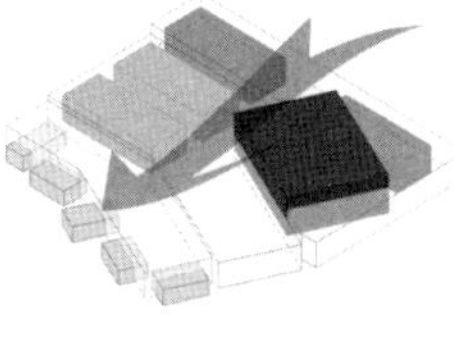

5. 根据地形扭转排布空间平面，在建筑中心形成视线通廊，眺望山谷景观，营造自然与学术讨论交融的共享空间。

体块生成

西立面图

南立面图

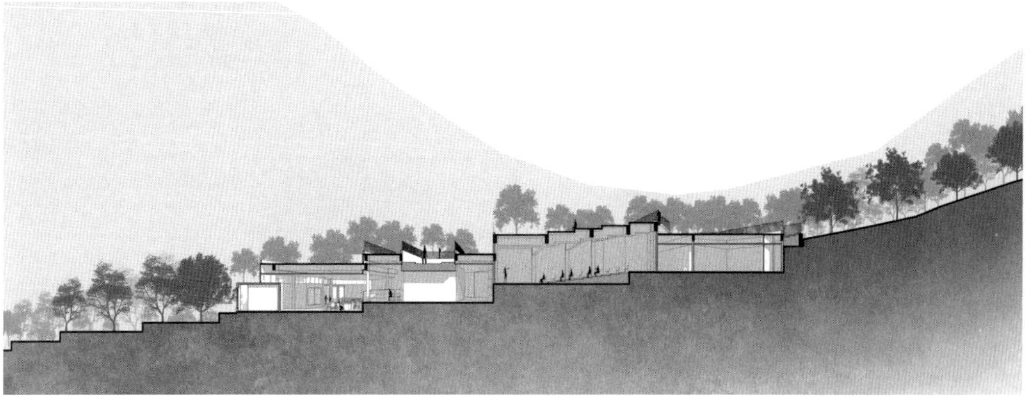

剖面图

透视图

教师评语

刘星琦同学的梦溪论坛国际交流中心设计针对地形和功能空间需求之间的关系，选择结合山形对建筑进行抬地处理。她通过不同层高之间的落差形成了一个可供游走的、错落有致的内部公共空间。不同功能的平面布局依据山势布置，室内空间和自然环境充分融为一体。

山地美术馆建筑设计

5

南旭

课题介绍

课题的主要目标为：了解与掌握美术馆设计的基本原理与相关知识点；训练环境与建筑相协调的场所营造能力以及设计概念的逻辑推演能力；对建筑的空间美学和结构的统一性进行探索；了解山地建筑的设计原理，探讨建筑与自然的关系；探索美术馆空间原型与空间组合的可能性。

基地介绍

项目地块位于重庆市巴南区，西临长江，东接住宅区，南北两侧则是绿地，为典型的山地地形，环境优美。

课题拟在此地块设计一座美术馆，用以展示艺术品，并组织当地的艺术家举办展览。项目地块基本呈规则四边形，面积约为 10126 平方米，地块内存在坡度变化。总体设计要求：建筑密度 < 50 %，建筑高度不超过 24 米，总建筑面积控制在 2500 平方米（± ≤ 5%），可以部分设置地下建筑，但地上新建建筑不得小于 1500 平方米；需要设置 10 个小轿车停车位、1 个货运停车位。

周次	时间	课程内容	形式
1	2023/2/24—2023/2/27	讲解设计原理	个人作业
2	2023/3/3—2023/3/6	讨论案例	大组讨论
3	2023/3/10—2023/3/13	讲解环境分析	个人作业
4	2023/3/17—2023/3/20	分析与讨论：概念，空间，结构	个人作业
5	2023/3/24—2023/3/27	分析与讨论：概念，空间，结构	个人作业
6	2023/3/31—2023/4/3	中期评图 / 方案深化讨论	大组评图
7	2023/4/7—2023/4/10	方案深化讨论	个人作业
8	2023/4/14—2023/4/17	设计成果	个人作业
9	2023/4/21	终期评图	大组评图

行于屋上，歌于檐下

学生 / 王乐浔
导师 / 南旭

设计简介

山地美术馆方案位于重庆市巴南区的一处坡地，我希望以当代空间符号营造具有重庆城市记忆的场所。基于对重庆城市空间特征的研究，我提取的第一个符号是“坡”。这里的“坡”不仅仅指坡道，而是指更广义的“坡”——重庆十八梯充满生活场景的大阶梯、建筑内外因高低错落的地形而设置的坡道、存在于这个魔幻都市的穿楼轻轨……仿佛整座城市被“坡”分层、被“坡”编织，人的生活就存在于这些被分离出来的不同“层”的空间中。在不同标高的基面上，人们都可以感受到首层的起点，并且身处高处居然感受不到居高临下的傲慢。在屋上的人，可以像在平地上一样自如。本方案以这种“多层级”空间为原型，激发人们平等而自由的行为活动——行于屋上，歌于檐下。第二个空间符号是“攀升的大阶梯”。以十八梯为代表，沿大阶梯两侧有商铺或楼房，房子中的人和台阶上走的人有频繁的对望——这使得此类空间不仅提供交通功能，还成为众目聚焦的舞台。大阶梯的塑造为传统文化活动提供了公共空间载体。例如，金山大道的重庆市川剧院，承载了抗战年代平民百姓的精神娱乐活动。

随着城市的发展，社会生活的变迁，人们的娱乐变得多元化，“观剧”这一事件淡出了公众的生活。本方案希望用当代建筑语言讲述新型的生活方式——以阶梯为看台，以屋面为剧场。露天剧场的植入很好地结合了屋顶的“之”字形空间流线，作为打破连续性的空间节点，成为游览者的驻足之地。

206.00
206.00
210.50
215.00
219.50
224.00
216.20
218.26
221.00
185.80
197.00
197.00
223.58
次入口
主入口
停车场
225.94
227.22
0 12 30 60(m)
N

总平面图

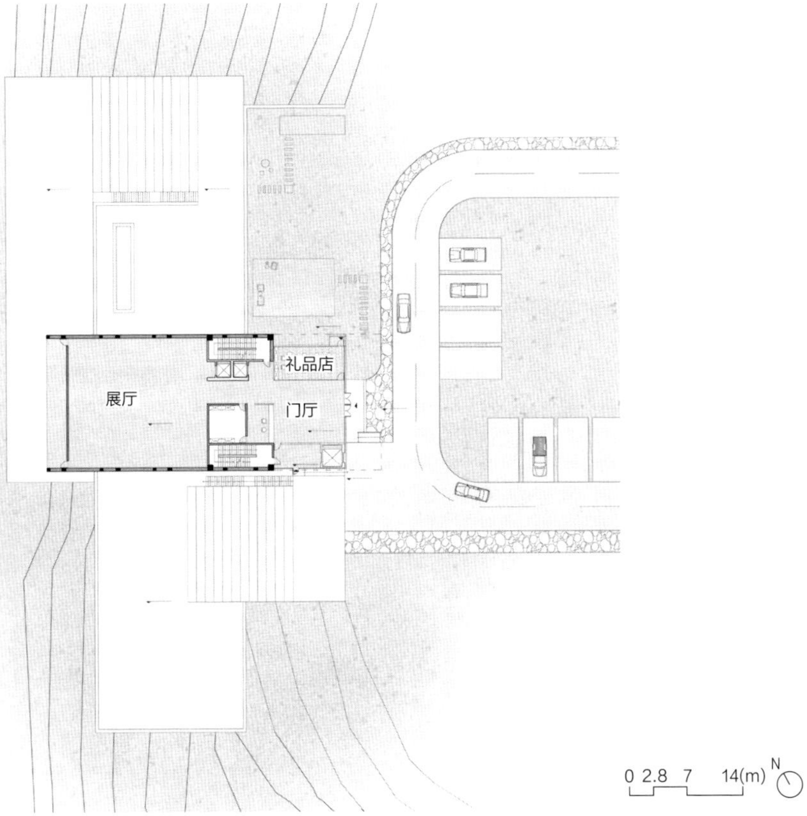
礼品店
展厅
门厅
0 2.8 7 14(m)
N

首层平面图

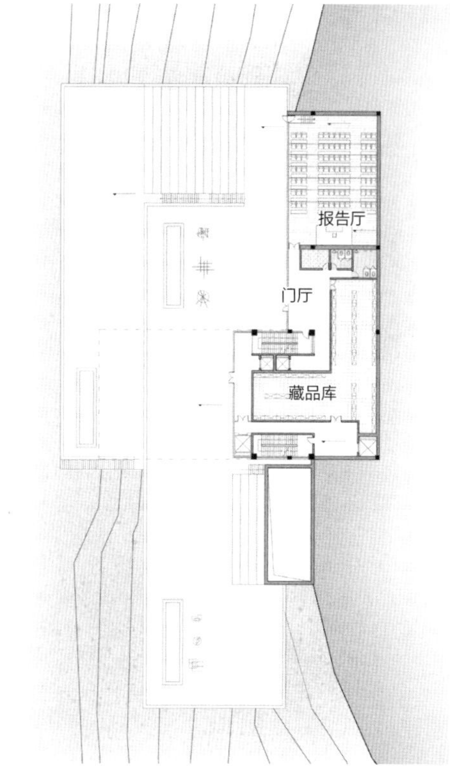

地下一层平面图

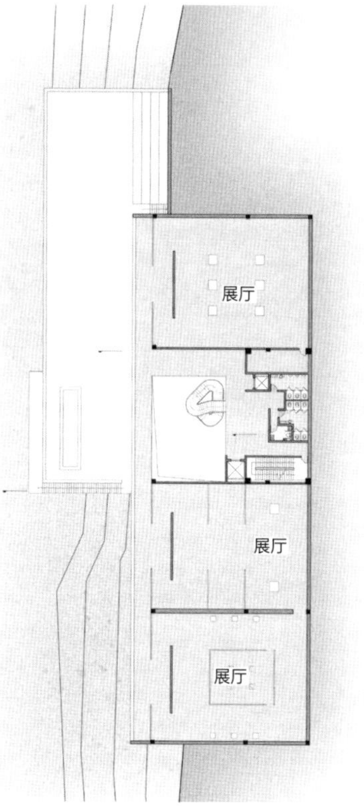

地下二层平面图

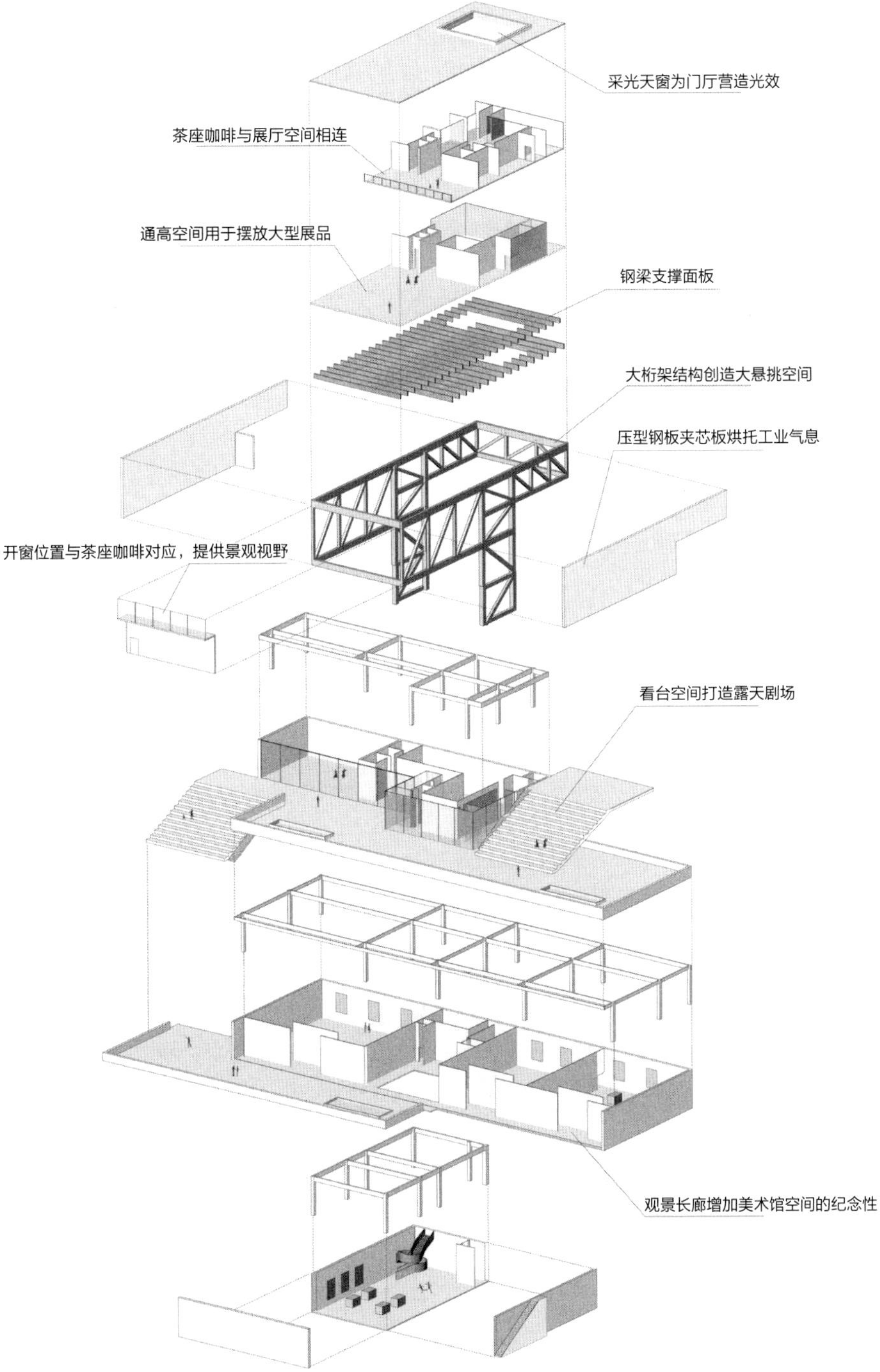
采光天窗为门厅营造光效
茶座咖啡与展厅空间相连
通高空间用于摆放大型展品
钢梁支撑面板
大桁架结构创造大悬挑空间
压型钢板夹芯板烘托工业气息
开窗位置与茶座咖啡对应，提供景观视野
看台空间打造露天剧场
观景长廊增加美术馆空间的纪念性

爆炸轴测图

剖透视图

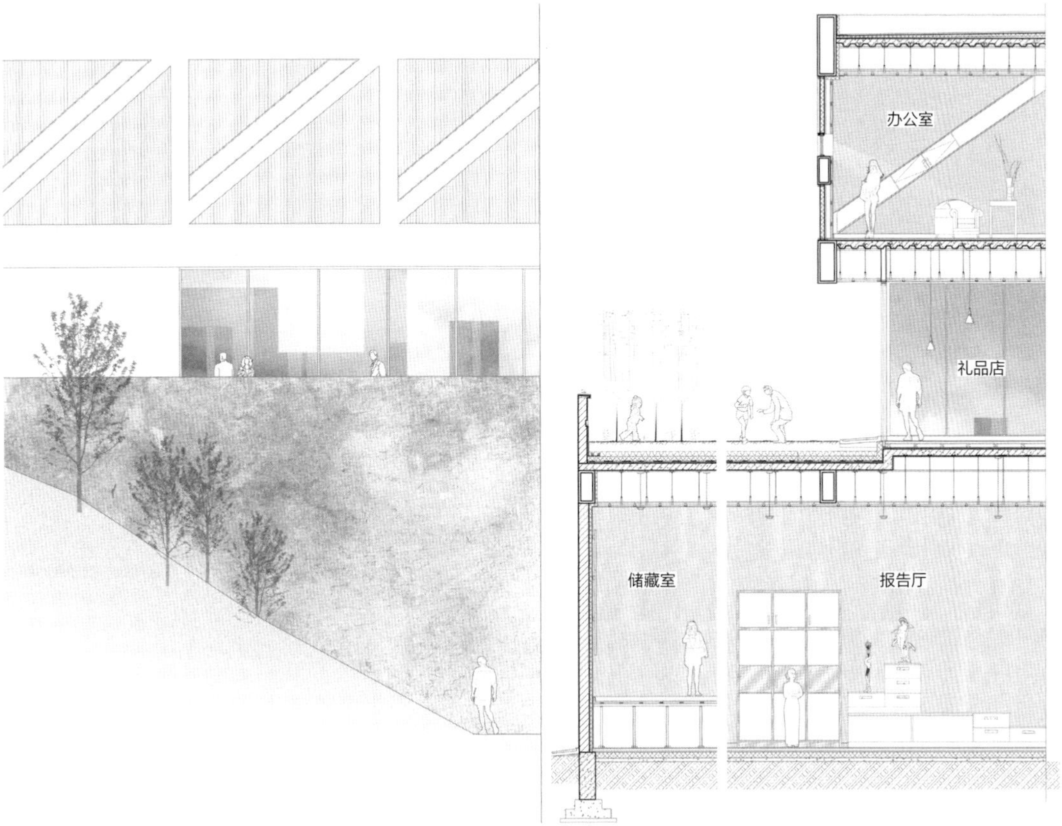

教师评语

王乐浔同学的选题位于重庆的一处坡地地块。当地城市空间的分层和坡地所形成的特有城市氛围，作为场所精神被移植到了方案设计中。屋上与檐下不只是消极的建筑要素，而是成为具有场所特色的空间节点。坡地体验和观展流线很好地结合在一起。她以顺应坡地的构图将大部分建筑体量消隐于场地之中，以“框景”的方式将入口与序厅作为可识别的地标。方案后期对如何表达结构和材料也做了深入的探讨和研究。

框造自然

学生 / 王赫泽
导师 / 南旭

设计简介

方案选址位于重庆市巴南区的长江东岸，场地内有 18 米的高差。场地的西侧与重庆工业博物馆隔江相望，南北侧均为城市绿地，东侧为居住区。场地内部有一种城市基础设施建设侵入自然环境带来的矛盾感，同时也有周围生活区带来的市井气。由此，我在设计中希望强化这种自然与人工并置的冲突感，同时提供一个开放的公共空间。美术馆在东西方向上强化空间的限定，将江水草坡等自然要素和对岸景象通过通廊引渡到城市环境中；南北方向则以渗透和潜入两种方式过渡自然。美术馆的展厅功能像展品般被抬升处理，强化其展示性的特征；服务和辅助职能嵌入地下，迎合地形的走势；在中间的部分“留白”处理，引入无障碍坡道系统，室外部分可以结合雕塑等形成室外展场和观景台，消解高差的同时为公众提供了一处开放的游览、休憩场所。

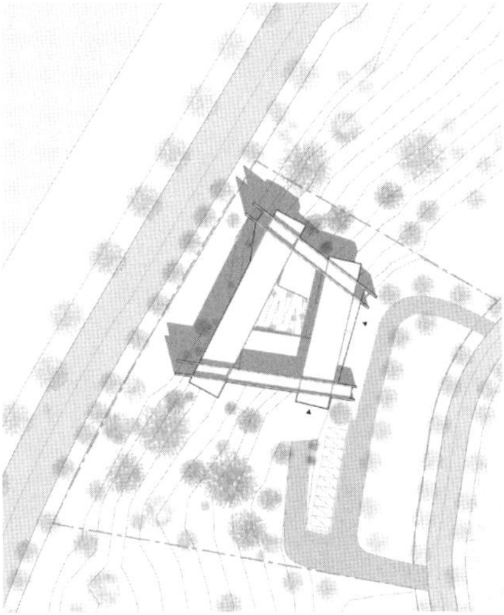

总平面图 0 10 25 50(m) N

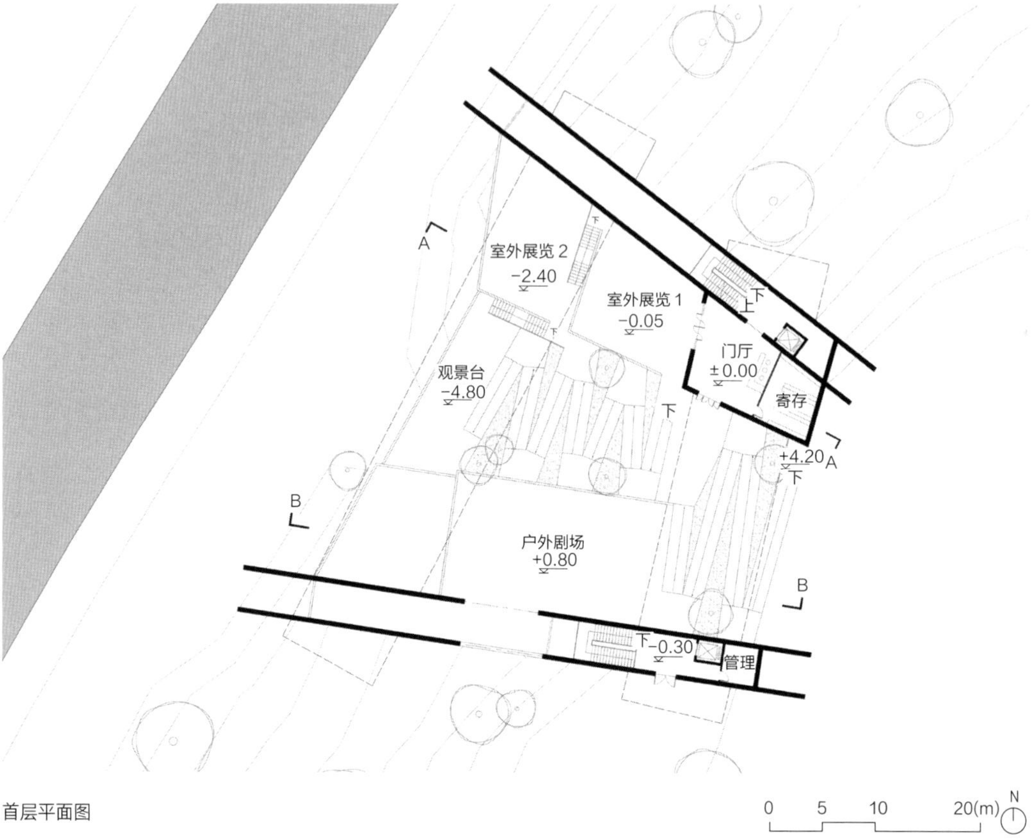
室外展览 2
-2.40
室外展览 1
-0.05
门厅
±0.00
寄存
观景台
-4.80
户外剧场
+0.80
+4.20
-0.30
管理
上
下
A
B
0
5
10
20(m)
N
首层平面图

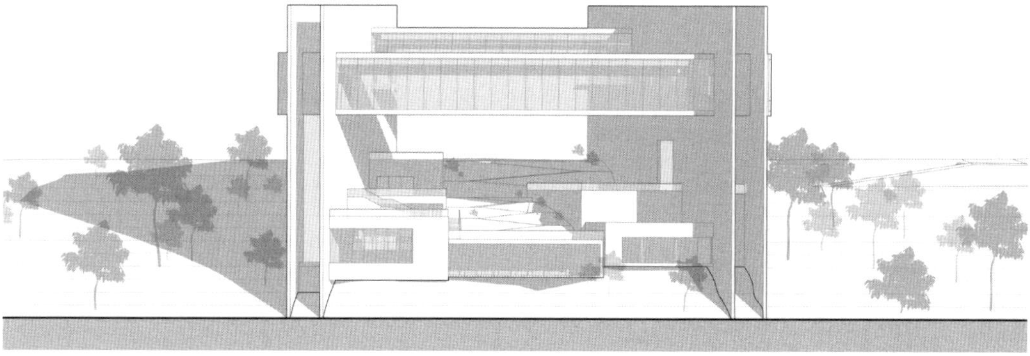
西立面图

A-A 剖透视图

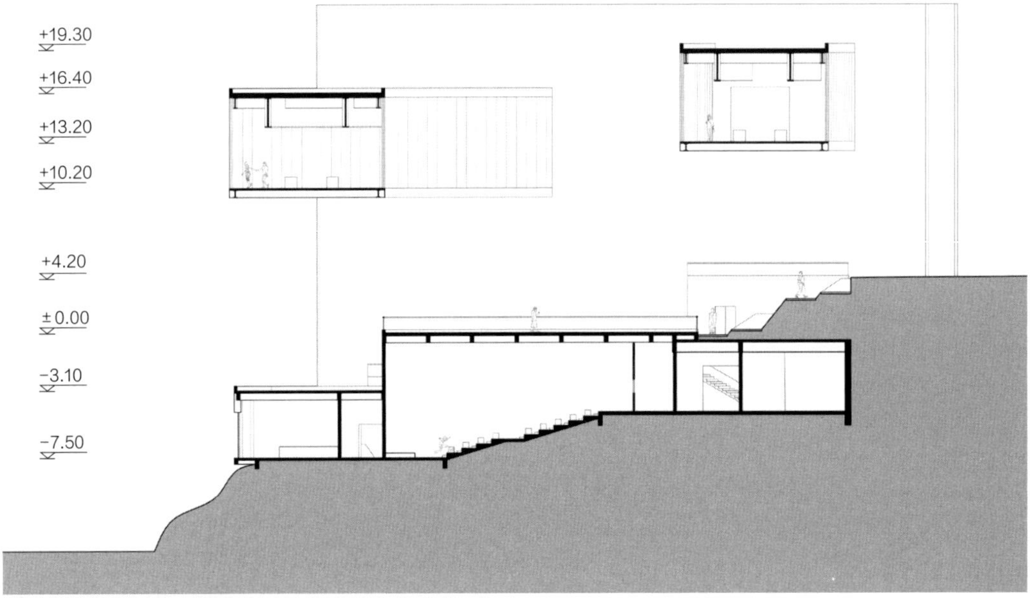

B-B 剖面图

教师评语

王赫泽同学的方案采用了一种不同的架构方式来回应自然坡地。重庆的多层城市空间与桥梁交织的城市意象被借用到建筑的表达中。服务与被服务空间相互分离，不同功能抽象出不同的原型。美术馆仿佛被搭建成一个戏剧舞台，建筑在看与被看中产生诗意。

山地度假酒店

6

甘泉

课题介绍

项目拟在基地范围内新建一座山地度假酒店，服务日益增长的度假客群。未来的度假时间将不仅限于夏季，希望在日常周末、节假日，甚至是冬季也能为游客提供高品质的休闲度假场所与服务。设计时，可选择一块可建设用地，也可将酒店体量分散到两块或三块可建设用地中。

设计挑战将从选址开始，逐步深入到建筑功能整体布局、客人流线、公共流线与服务流线的合理组织、建筑与地形的结合、建筑形态塑造、建筑的地域化适应性等课题。拟建建筑面积为 2400~2700 平方米。

基地介绍

项目基地位于重庆、四川、贵州三省交界处，毗邻 5A 国家级风景名胜区，区域地形集山、林、水、瀑、石于一身，融幽、险、奇、雄、怪、秀为一体，以丹岩为骨架，以森林为肌肤，以岚烟为神韵，是重庆著名的夏季避暑胜地。

基地内地形变化丰富，等高线疏密各异，在半山的林地、农地之间，有三块可建设用地可供选择建造。

周次	时间	课程内容	形式
1	2022/10/31	作业一：场地梳理与场地模型制作（1/200 手工模型或电脑三维模型） 作业二：国内外经典山地建筑案例研究	个人作业
	2022/11/3	场地模型成果检验，经典案例分析分享	小组讨论
2	2022/11/7	基地分析及选址，阐述选址理由	小组讨论
	2022/11/10	根据选址制作相应区域场地细化模型，初步设计方案布局	个人作业
3	2022/11/14	结合模型及草图，研究功能布局、流线组织、建筑体量、平立剖面	小组讨论
	2022/11/17	评图，评图嘉宾：杨默涵、董大伟	线上评图
4	2022/11/21	概念方案调整	个人作业
	2022/11/24	概念方案定稿：建筑体量 / 分层模型，平立剖面概念草图，分析图	个人作业
5	2022/11/28	场地大剖面及剖切模型研究	小组讨论
	2022/12/1	场地大剖面及剖切模型细化	小组讨论
6	2022/12/5	方案深化：平立剖面，结构，功能，流线	个人作业
	2022/12/8	方案深化：平立剖面，结构，功能，流线	小组讨论
7	2022/12/12	成果制作：总平面图 1/500，平立剖面图 1/200，局部大剖面图 1/50，局部剖切模型 1/50，电脑三维模型表现图，建筑功能面积指标统计表，分析图	个人作业
	2022/12/15		
8	2022/12/19		
	2022/12/22	期末考试	个人作业
9	2022/12/26		
	2022/12/29	终期评图，评图嘉宾：杨默涵、董大伟	线上评图

山外山

学生 / 朱一心
导师 / 甘泉

设计简介

设计从建筑与山的关系出发，分为上、中、下三卷，从天然到人工，层层深入。上卷为《早春图》，我在酒店的公区部分再造了一处人工的超现实山体，思路上借鉴了传统山水画的构图法，将山的游踪用“三远法”压缩于一幅画中。我利用场地原有的一块巨石作为山的裸露剖面，在入口创造矮墙与高弧斜墙的对比；同时由于弧墙内是游泳池，利用排水设计将水引下巨石，形成瀑布景观——而当人进入公区大厅的序列中，只闻水击石声，却不知水从何来；远山、近处的弧墙、尺度模糊的巨石，是对山的“三远法”的建筑表达。中卷为《四面山居图》，由于公区已经形成了半建筑半山的超现实野趣，故客房设计以村落的意象形成反差，形成可瞭望层层稻田的厨房、屋后的竹海、入房前的梯步与小院。下卷为《昔人舍图》，是基地中原有的一座夯土老建筑的再生设计。

着手设计时我意识到，比起建筑师推倒一切重塑场地，当地居民对于场地的感知更为敏锐——他们用一个T形平面处理了这块超过1000平方米的场地：先有一道长横，后有加建的一竖，最精彩的面位于一横的西侧和一竖的南面，而一竖西面的石灰白墙则稍显消极。于是我用五间客房消解立面屏障，引导游客曲折地进入老建筑，而后曲径通幽，行至一处面山温泉。

从四面山中的漫步，到公区部分超现实山体的野趣，再到客房处人居的温馨，最后忽现隐匿的老建筑。如若山水画与园林是文人的不得已而为之的文化建构，是对真实山体的超越，那本方案试图达成的，则是一次回到现象本身的返乡之旅。

总平面图

三层平面图

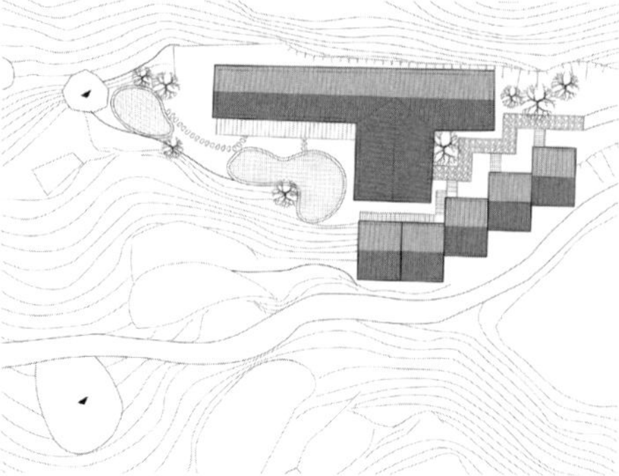

老建筑屋顶平面图

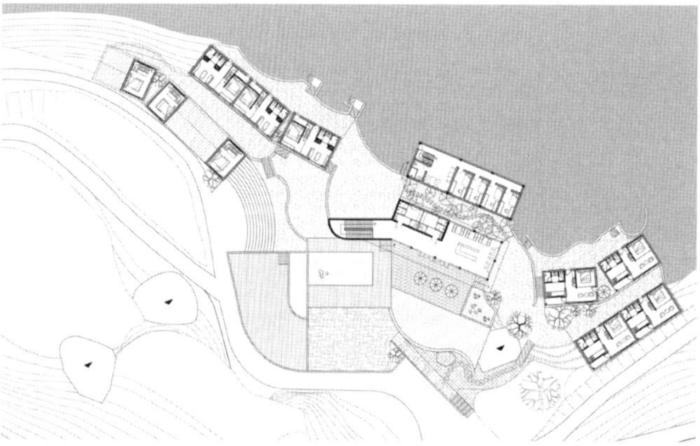

二层平面图

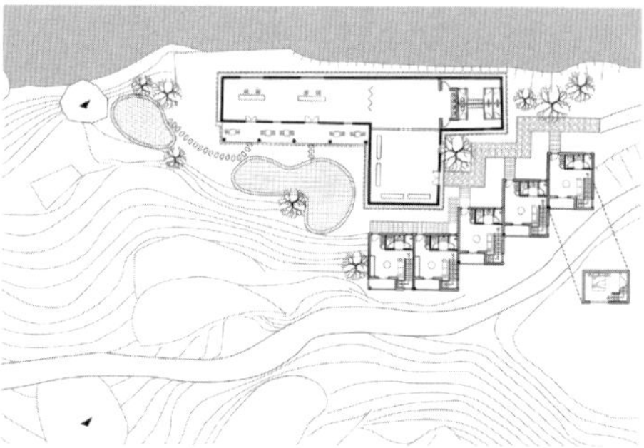

老建筑一层平面图

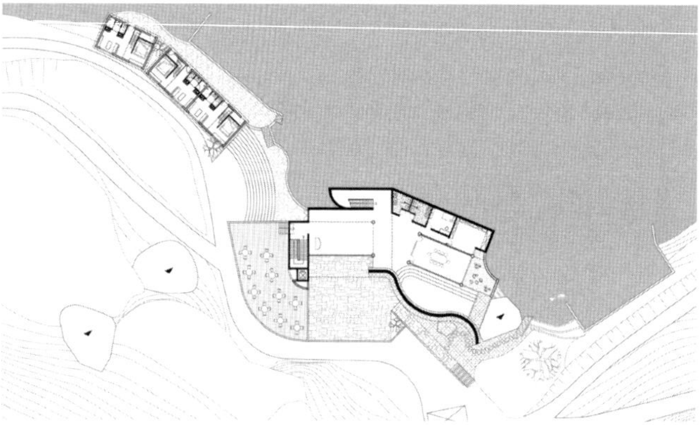

一层平面图

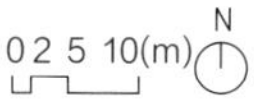

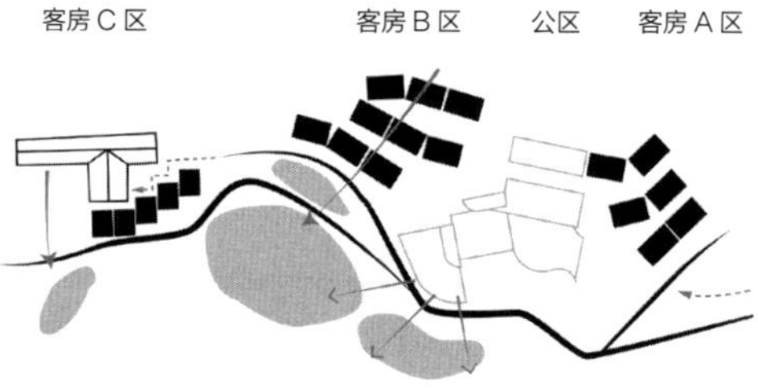

客房 C 区：借原有老建筑之势，形成“收进去 - 放出来”的空间体验。
客房 B 区：面向水田获取良好景观。
公区：根据水田和远山的关系，组织两道轴线，层退式消隐山中。
客房 A 区：根据道路走向，用村庄的小尺度，营造居住的领域感。

剖面图

立面图

教师评语

朱一心同学的整个设计过程就如同她自己在设计简介中所表达的，恰似古人作画。她有非常好的解题思路和立意，用三幅画的意境作为项目意向参照，然后寻求山体与建筑、建筑与环境之间的关系协调。在此基础上，针对课题中的不同功能区块与场地环境，她进行了适当的匹配与布局，形成各个区块合适而独特的建筑体量组织关系。在刻画细节时，她将意向转化为图纸与模型，并且在建筑空间的设计中融入了非常细腻的空间体验。在整个设计过程中，朱一心同学展现出了非常优秀的建筑模型能力与场地组织能力，通过对模型体量和虚实关系以及场地要素关系的反复推敲，最终达成了与场地环境非常贴合的设计。

云脚下

学生 / 赵若萱
导师 / 甘泉

设计简介

设计试图创造一处建筑与自然和谐共生、让人产生归属感的栖居场所，以建筑为媒介重塑人与自然的关系。根据山地形态和场地周边景观，设计将山地酒店分为三个区域，以四条东西向的视线廊道打通建筑，让原山体和远山景观产生联系，从而让酒店整体变得通透。公区顺山势爬升，底层与车行道路相接，布置了餐厅后厨、储藏室、设备间、布草间及停车位等配套设施；二层东侧借原有的巨石景观形成酒店大堂，南北方向上沿巨石、林间长廊、观景台、稻田形成一条最重要的南北向景观轴线；而顺应山体的东西向视线廊道则引导顾客向上攀升至三层平台，分别通往娱乐区、茶室和 SPA 区，不同坡向的屋面交错堆叠，塑造不同的空间意象，丰富游赏体验；四层东侧设计了游泳区，与 SPA 区通过低矮石墙和坡屋顶隐秘地衔接，并连接客房区域。场地内不同路径设置了不同的铺地，暗示不同的路径体验：集中式 Loft 客房位于台地标高最高处，从北侧沿着竹林与石板路绕进房间，保证顾客隐私的同时将南面观景区域最大化，在整个建筑群的最高点俯瞰公区与更远处的山景。独栋客房散落在山地林木间，顺应山地地形扭转角度，以获取良好的稻田景观；通过一人宽的木栈道联系各客房、公区与山下稻田，以还原山间村庄的小尺度感。

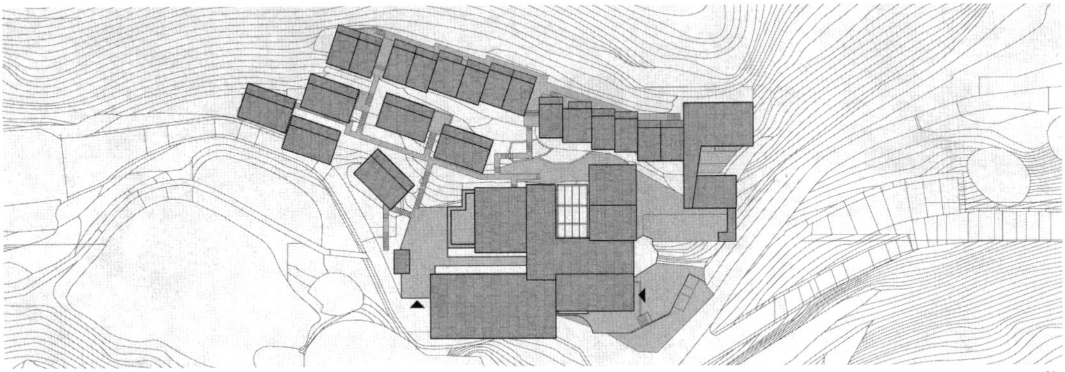

总平面图

0 2 5 10(m) N

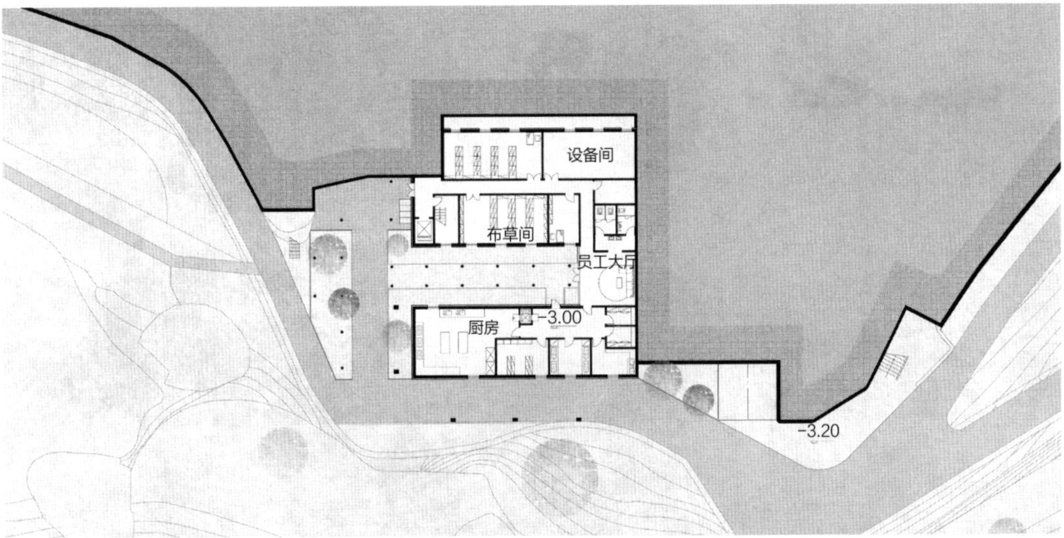

一层平面图

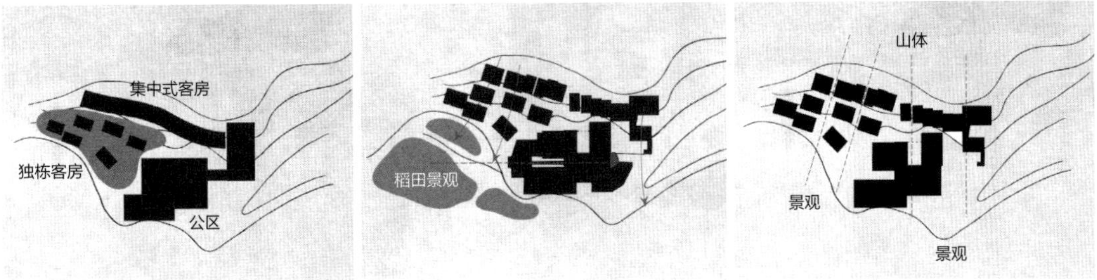

设计分析

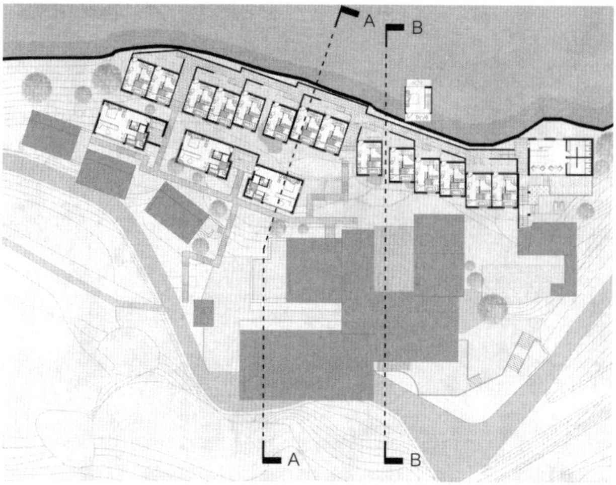

四层平面图

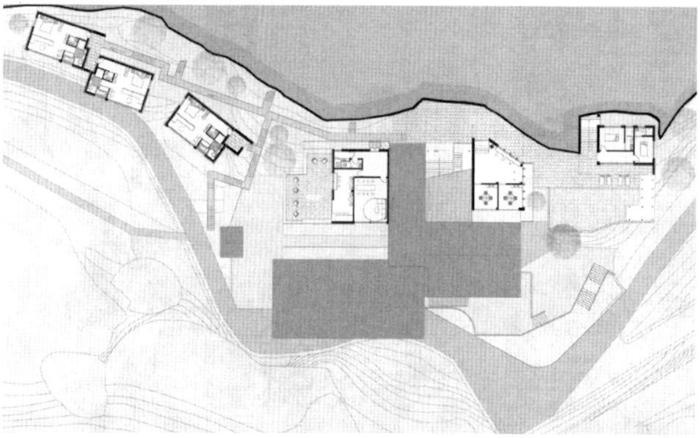

三层平面图

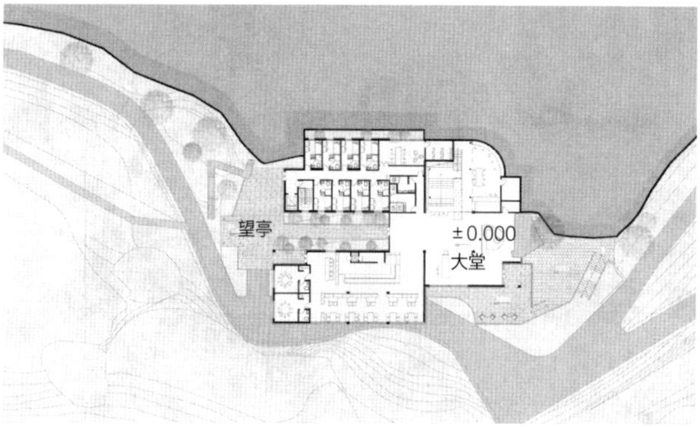

二层平面图

西侧望亭空间

酒店公区空间

A-A 剖面图

B-B 剖面图

教师评语

赵若萱同学在概念设计初期的草图富有诗意与不确定性，随着课程的进行和设计的展开，她通过有代入感的建筑体验设计将诗意慢慢落实。她凭借良好的建筑空间组织能力将之前的不确定性逐步消解，形成了具有说服力的空间布局和组织系统。同时，建筑空间设计因地制宜地对场地环境做出了合适的回应。并且，赵同学在建筑的平立剖面图的深化过程中展现出了非常扎实的基本功和相当严谨的制图态度，图纸的完整度和表达深度都值得同学们学习借鉴。

猫粉营地

7

何孟佳

课题介绍

课题基地位于成都市都江堰青城山脚下的都江堰野放繁育研究中心（又称熊猫谷，以下简称野放中心）内。大熊猫是国宝，也是地球上野生动物的代表。野放中心的一项重要目标是建立一种全新的动物与人相处的关系。不同于城市动物园和野生动物园，这种关系让人和动物都能获得自由进退的空间。课题名中的“猫粉”，是大熊猫粉丝的俗称，全世界“猫粉”的数量非常庞大。课题要求设计一处以猫粉为主要服务对象的公共活动空间，功能主要包括展示、交流互动、公园配套，以及适量的住宿。

此课题旨在培养学生在设计中尊重自然环境的意识。学生应从地形特征、环境要素以及设计的价值目标出发，形成设计创新的驱动力和着手点，并运用视觉、空间、行为、关系等处理手法，使建筑与自然环境相互配合、和谐共生。在课题推进过程中，探索设计概念创意的形成，学习多维度的建筑设计思考方法和研究方法。

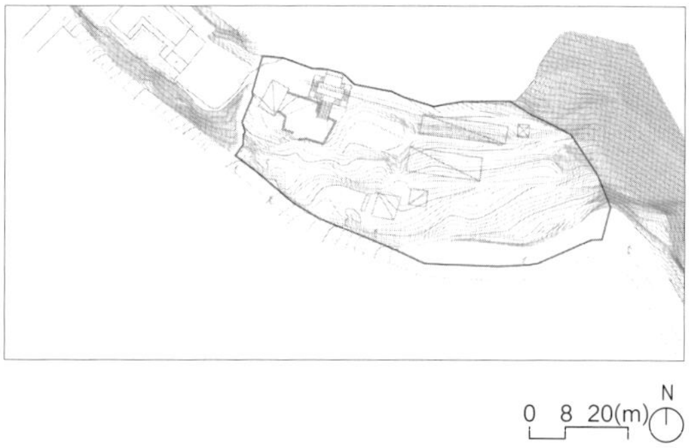

基地介绍

基地位于野放中心的中段，北侧紧靠小熊猫园，西侧毗邻教育保护村，南侧有一条泄洪沟和与之平行的园区主干道。

场地是山谷北侧一处向阳的坡地，有 6 片较为平缓的台地，相邻台地间高差约为 2 米。台地呈长条状，宽度为 6~9 米。场地低区竹林环绕，高区视野相对开阔。

周次	时间	课程内容	形式
1	2022/11/3	课题宣讲，布置调研	小组讨论
	2022/11/7	讲解：任务书，基地，社会性意识 组员汇报基础调研成果	小组讨论
2	2022/11/10	讲解：幸福里，设计研究方法 组员汇报补充调研成果	小组讨论
	2022/11/14	讲解：案例研究方法 组员汇报设计目标和策略，案例研究，场地模型	小组讨论
3	2022/11/17	构思总平面草图和分析图，制作模型，补充案例研究、场景意向	个人作业
	2022/11/21	明确设计策略，制作场地设计成果和模型，确定形体和空间关系、场景意向	个人作业
4	2022/11/24	各层平面草图、剖面草图，包括功能流线在内的系统性分析	个人作业
	2022/11/28	各层平面图 1/200，立面草图	个人作业
5	2022/12/1	中期汇报	大组评图
	2022/12/5	讲解：深入设计结构、材料、构造和细部 优化平面图、剖面图、三维模型，确定立面材质意向	个人作业
6	2022/12/8	主要场景渲染图初稿，主要立面图，确定立面材质	个人作业
	2022/12/12	完善主要场景渲染图，立面图 1/200	个人作业
7	2022/12/15	完善整体方案，绘制平立剖面图	个人作业
	2022/12/19	讲解：成果表达策略 绘制正图，细部与构造设计	小组讨论
8	2022/12/22	绘制正图，细部与构造设计，制作模型	个人作业
	2022/12/26	绘制正图，细部与构造设计，制作模型	个人作业
9	2022/12/29	终期评图	大组评图

摆摆龙门阵

学生 / 朱俊霖
导师 / 何孟佳

设计简介

猫粉是一个高度依赖互联网的群体，设计旨在通过有地域性的活动空间，营造热闹的活动氛围，帮助来到线下的猫粉群体快速破冰，从互联网的交流模式，转化为线下的“龙门阵”模式。

建筑主体是三块水平交叠的折板，自上而下分别是住宿、功能空间和灰空间，同时形成连续且宽大的“摆龙门阵”空间。设计在建筑的外侧设置三个竹笋形的塔，作为建筑对外的接口，塔的表皮采用半透明的竹编材料，其中包含竖向交通系统。最大的塔作为前往小熊猫园的游客集散中心。建筑有一条从最顶端逐级向下、最终流入水沟的细长水道，在承担排水功能的同时，利用水流对人流进行引导，同时设置数个小景观水池，在端头设置跌水，形成丰富的景观体验。

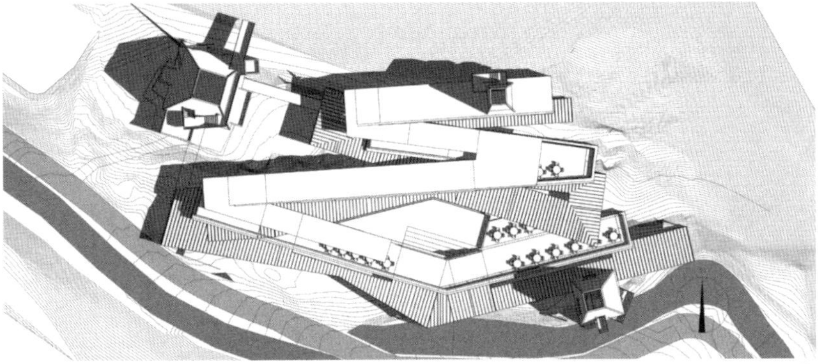

总平面图

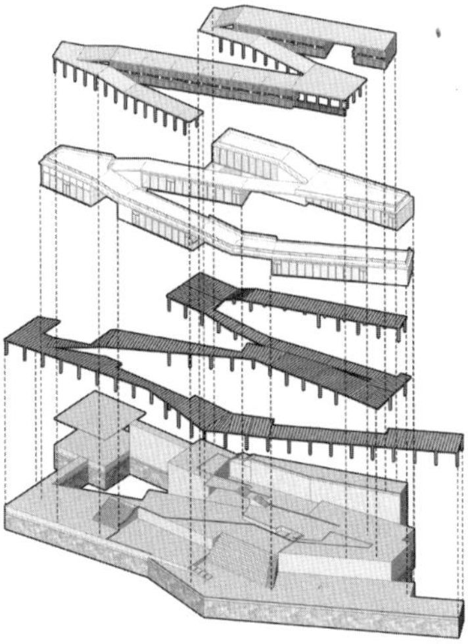

爆炸图

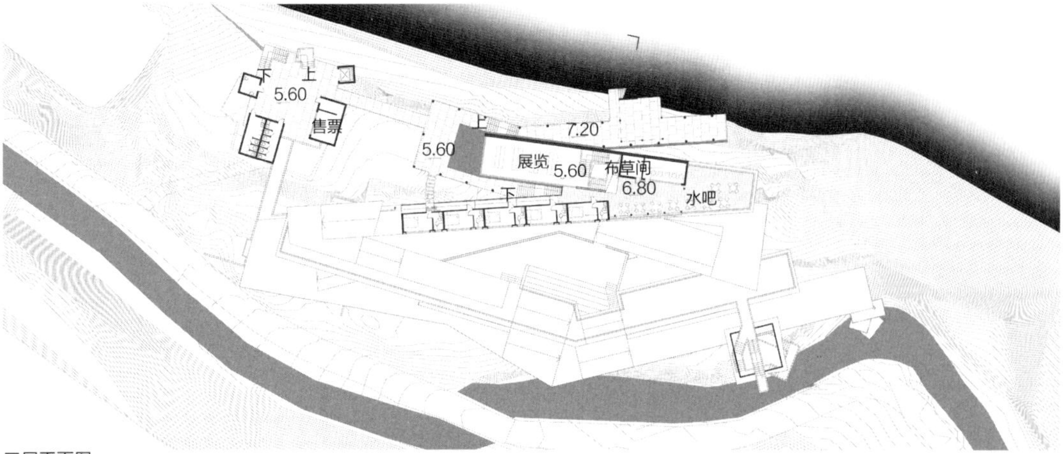

三层平面图

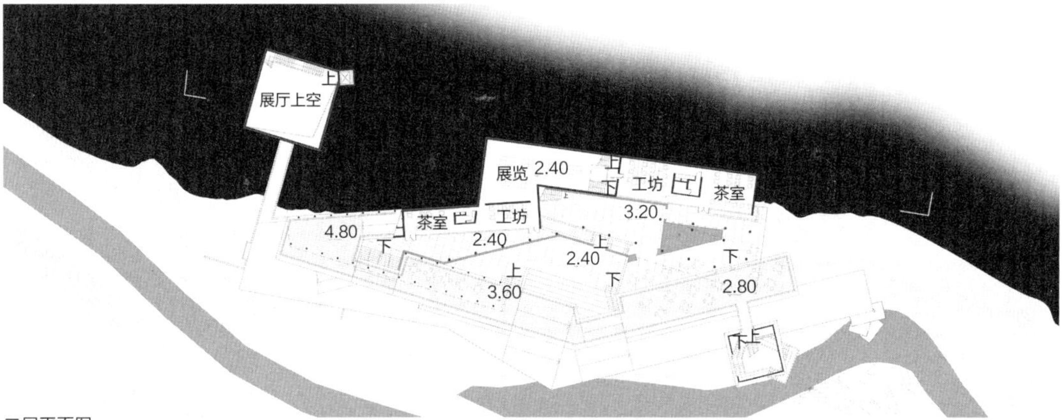

二层平面图

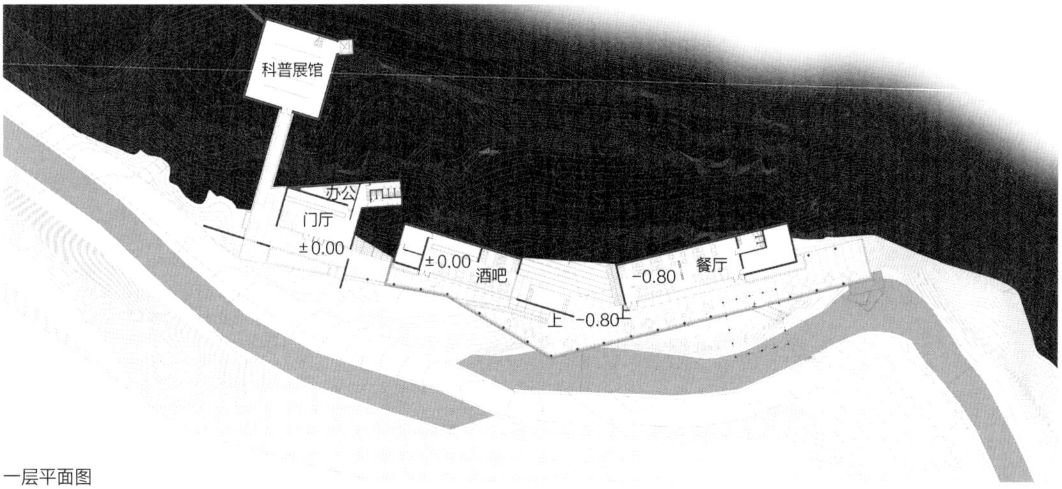

一层平面图

剖面图

教师评语

调研了猫粉群体之后，俊霖同学希望营地是一处活跃的、热闹的场所，能够提升猫粉成员线下交流的参与度。设计以罗城古镇的特色茶楼和街道为原型，作为空间氛围的契合点，同时也对在地性特征作出响应。地块内原有六块台地，在相邻的最小高差处用坡面横向连接，形成一条依山体回转而上的连续用地。较为轻柔的地形处理方式保留了山体特征，也保护了原有的植被。长条的外廊式建筑顺势布置，通过地形的关联方式和回转区域的建筑围合角度来控制形体走向，形成丰富的空间节奏变化。连续外廊将不同功能建筑的公共区域串联在一起，兼顾了交通和共享功能，成为最具特征性的公共空间。在设计的最后阶段加入了观景塔，这个决策是果断而正确的。高耸的形体在密林环境里脱颖而出，在形态上与平卧的主体建筑形成对比，并且有效地提示了小熊猫园入口等重要目的性节点的所处位置，紧密关联了视觉焦点和流线目标。

山间的长卷

学生 / 吴韫玉
导师 / 何孟佳

设计简介

“猫粉营地”位于成都郊区，为几类熊猫爱好者提供活动和住宿的空间。设计主要依据不同人群活动所需的公共性差异，垂直等高线利用山地地形生成建筑体量。

方案以四个条形体块分隔山坡上的长条形场地，形成让普通游客、普通猫粉、住宿猫粉分别活动的分散式建筑。建筑体量间的空间则被高差划分为不同的室外活动场地，分别为错落台地院、露天剧场和梯田坡道。长体块建筑面向道路的立面均开大窗，使实空间和虚空间都成为展示建筑的“窗口”，人走过公路时，可看到一组连续的景色“长卷”。建筑内形成一条通廊流线串联三个体块，其公共性由高到低，高差错落变化，通过不同的收放节点展示多变的空间，形成建筑内部的“长卷”。

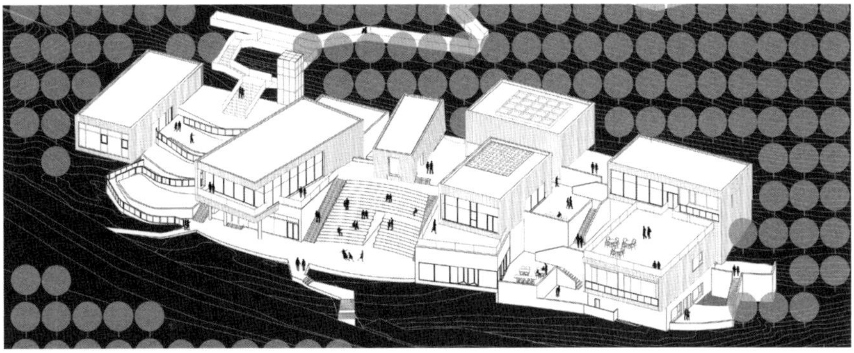

场景轴测图

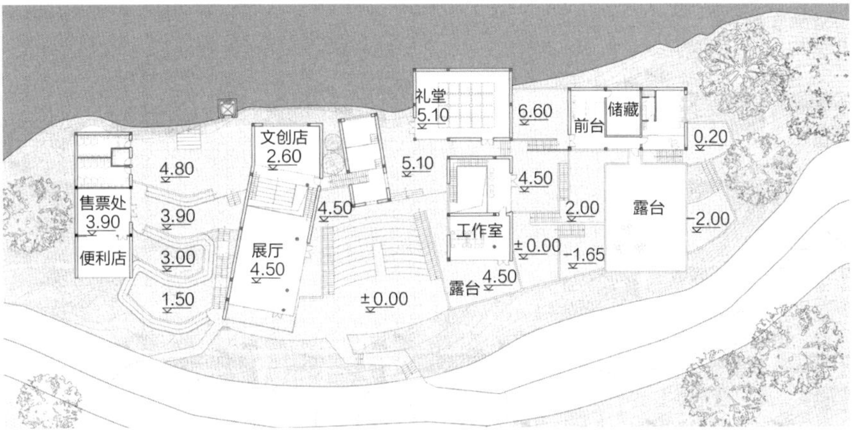

二层平面图

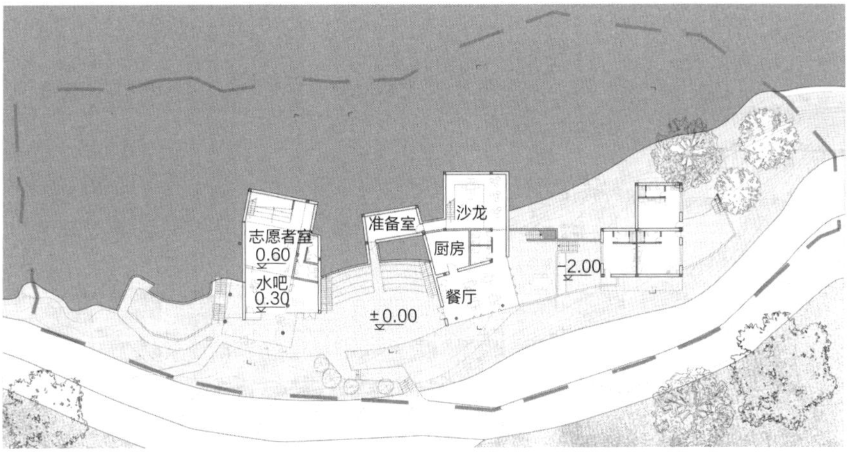

一层平面图

南立面图

教师评语

韫玉同学关注猫粉群体构成的多样性，并了解到各个细分群体都有各自独特的偏好和诉求。她的愿望是能够吸引各类熊猫爱好者参与营地活动，为他们打造定制场景。化整为零成为场地布局的主导思想，四座独立的建筑自西向东横向错落布置，依次对应从普通游客到资深猫粉的使用需求。背侧局部隐藏在山体内的廊道串联起各单元，提供交通和后勤服务支持。多种室外活动场地嵌在建筑之间，再由前方沿泄洪沟的景观步道串联。至此，形体和空间完成了手指交错般的形态整合。这个系统清晰地划分了空间等级，不同猫粉群体的活动各自独立又进退自如。分散化的布局，对于削弱人工建筑对自然环境的扰动也有帮助。长卷的意向来自沿主干道移动视点的观察方式，方案可整体呈现猫粉群体在场地上丰富的活动。相信如果给予充裕的时间，韫玉同学完全有能力把长卷描绘得更加有趣和生动。

教学成果展示

建筑与人文

1. 浒墅关民俗博物馆建筑设计　于雷
   ①古墅新关　丁明琦（2017 级，江西）
   ②溯回　罗薇莎（2018 级，湖南）

2. 社区美术馆建筑设计　南旭
   ①路径与行为　袁崧浩（2017 级，广东）
   ②悬吊画廊　尹泽诚（2018 级，上海）

3. （非）常态性“第二空间模式”的探讨：上海老城厢冥想中心 & 上海外滩纪念中心
   洪人杰
   ①上海老城厢冥想中心　江席雅（2017 级，安徽）
   ②覆顶上下　文凯（2021 级，广东）

4. 花房 × 书房　何孟佳
   ①同一片森林中　张可欣（2018 级，黑龙江）
   ②遇见　李传伟（2019 级，海南）

5. 定海青年之家　王惟捷
   ①栖身之所　刘添欣（2018 级，浙江）
   ②共居　过欣怡（2018 级，浙江）

6. 瑞康里青年公寓设计　王彦
   ①透 · 院　刘彦君（2019 级，青海）
   ②亲切与距离　朱虹晔（2019 级，四川）

7. 作为社区中心的医院——四平路社区医院设计　甘昊
   ①城市客厅，屋顶花园与社区医院
   狄一卓（2019 级，山西）
   ②公域　张子越（2019 级，福建）

8. 电影博物馆　张樵
   ①电影万华镜　潘若琳（2021 级，广东）
   ②影织　曾昭瑞（2021 级，江西）

浒墅关民俗博物馆建筑设计

1

于雷

课题介绍

浒墅关民俗博物馆是一座植根于社区的小型博物馆，“民俗博物馆”和“社区”是设计的两个关键词。民俗广义上指一个地区人民生产、生活中产生的世代相传、较为稳定的文化事项。

民俗博物馆的社区性是指博物馆与所处社区之间的关联，即让博物馆成为同时服务于外来访客与本地居民的公共设施，在解决居民活动设施缺乏的同时增加访客与居民之间的互动。浒墅关地区民俗文化的主体就是本地居民；其地域性、独特性也是当地社区认同感与归属感再造的基石。因此，在社区中建立博物馆对正处于城市更新巨变中的居民来说有着特殊的意义。

基地介绍

拟建的浒墅关民俗博物馆位于苏州市浒墅关镇中心区浒新街以南、桑园路以西。浒墅关镇紧邻京杭运河，历史上曾是著名的运河钞关，场地所在的区域内保留了较为丰富的城市文脉信息：基地北侧为保留和改造后的优秀历史建筑“大有蚕种场”厂址街区；场地西侧为拟建的“龙华晚钟”滨河城市广场；场地东侧有成片保留的浒新街石板路老街坊。场地内有一座红砖剧场，为 20 世纪 60—70 年代建造的砖混建筑，主体结构和外立面保存较好，拟修缮后用作居民文化活动中心多功能厅。

周次	时间	课程内容	形式
1	2020/9/14	布置作业一：浒墅关基地调研，绘制保留建筑，制作基地环境模型 参观苏州御窑金砖博物馆	小组讨论
	2020/9/17	作业一汇报，布置作业二：基地城市文脉及相关案例研究，作业三：自选博物馆典型剖面制作模型	大组讨论
2	2020/9/21	作业二汇报，基地分析，方案概念 + 体量设计，制作概念模型 1/300	大组讨论
	2020/9/24	作业三汇报，方案概念 + 体量 + 空间，制作概念模型 1/300	大组讨论
3	2020/9/28	制作体量 + 功能模型	大组讨论
	2020/10/1	国庆假期	——
4	2020/10/5		
	2020/10/10	中期评图，确认概念 + 城市关系 + 体量 + 功能	大组评图
5	2020/10/12	空间 + 功能	个人作业
	2020/10/15	结构 + 材料 + 细部	个人作业
6	2020/10/19	图纸表达：概念，城市关系，功能，空间，结构	大组评图
	2020/10/22	方案打磨，图纸表达	个人作业
7	2020/10/26	平立剖面图上版	个人作业
	2020/10/29	绘图，模型制作及讨论	个人作业
8	2020/11/2	绘图，模型制作及讨论，完成集体场地模型 1/200	小组作业
	2020/11/5	模型拍照，布置展览	小组作业
9	2020/11/9	终期评图	大组评图

古墅新关

学生 / 丁明琦
导师 / 于雷

设计简介

拟建的浒墅关民俗博物馆位于浒新街以南，场地北侧为“大有蚕种场”厂址街区，西侧为运河遗存，东侧是浒新街石板路老街坊，场地紧靠一座保留的现代剧场，不同时期的建成环境让整个街区呈现为一幅天然的历史书卷。

设计充分尊重在地文化，希望让新建的博物馆呼应历史脉络，与剧场进行空间对话。博物馆以完整大体量落地，与保留剧场形成空间呼应，两座建筑中间以庭院连接，共同构成浒墅关的文化中心。主入口设在建筑北侧，引导浒新街的主要人流，北侧立面采用落地玻璃幕墙，让建筑内外通透，形成丰富的视线关系，暗示当地民俗文化的开放包容。建筑内部通过 1/3 层的高差变化分隔不同的展览场所，按照运河文化-关席文化-蚕桑文化-戏剧文化的顺序组织展区，各展区之间视线相通，游览者在拾级而上观展的过程中能够体验到当地不同时期文化相互交融的独特感受。展览区域建筑屋顶的设计灵感来自当地传统蚕种场的独特采光模式，经过转译变为连续的双坡采光顶，通过独特的吊顶设计引入漫反射后的自然光线，为展览空间提供合适的采光。

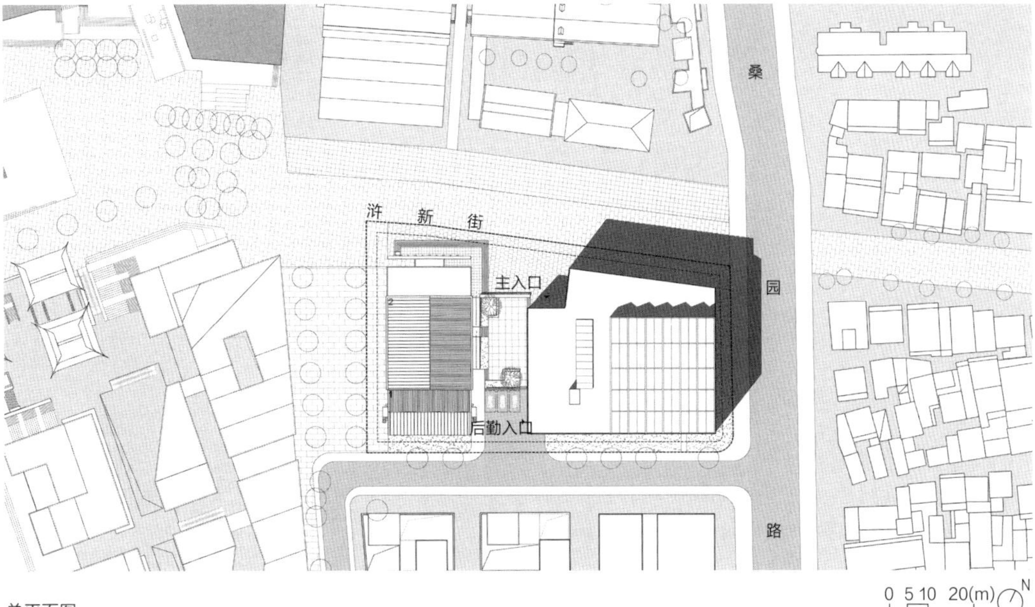
许 新 街
主入口
后勤入口
桑
园
路
0 5 10 20(m)
N
总平面图

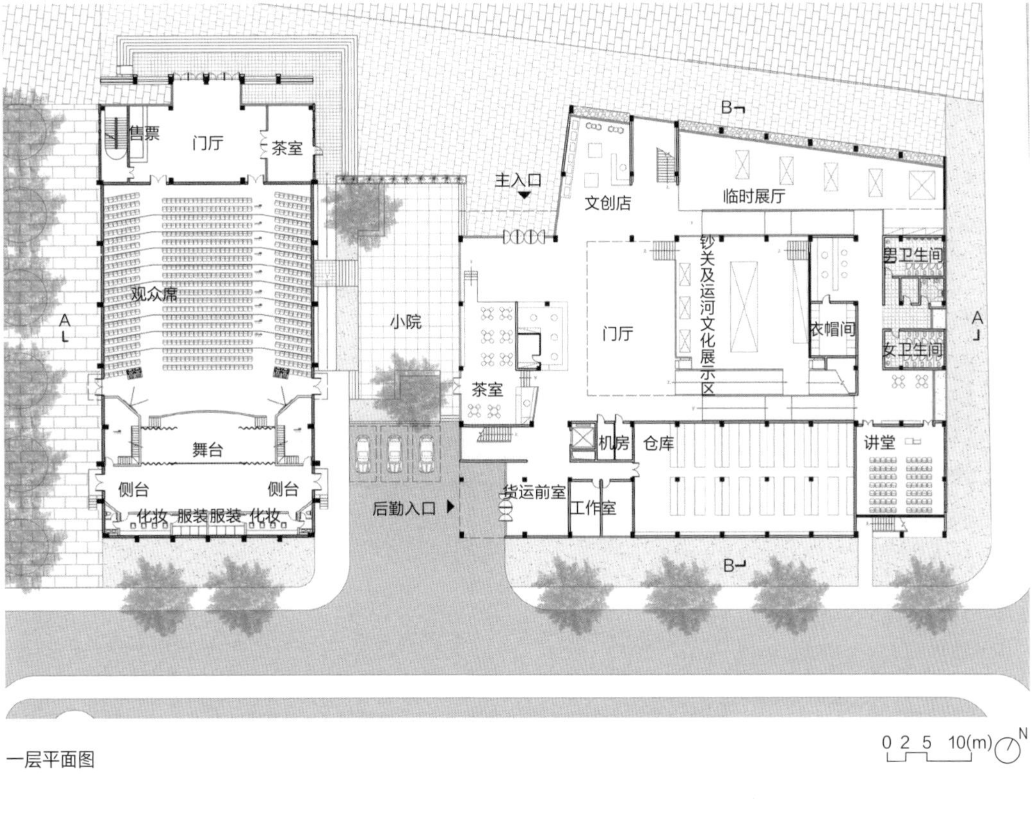
售票
门厅
茶室
主入口
文创店
临时展厅
B
观众席
小院
茶室
门厅
钞关及运河文化展示区
衣帽间
男卫生间
女卫生间
A
A
舞台
机房
仓库
讲堂
侧台
侧台
化妆 服装服装 化妆
后勤入口
货运前室
工作室
B
0 2 5 10(m)
N
一层平面图

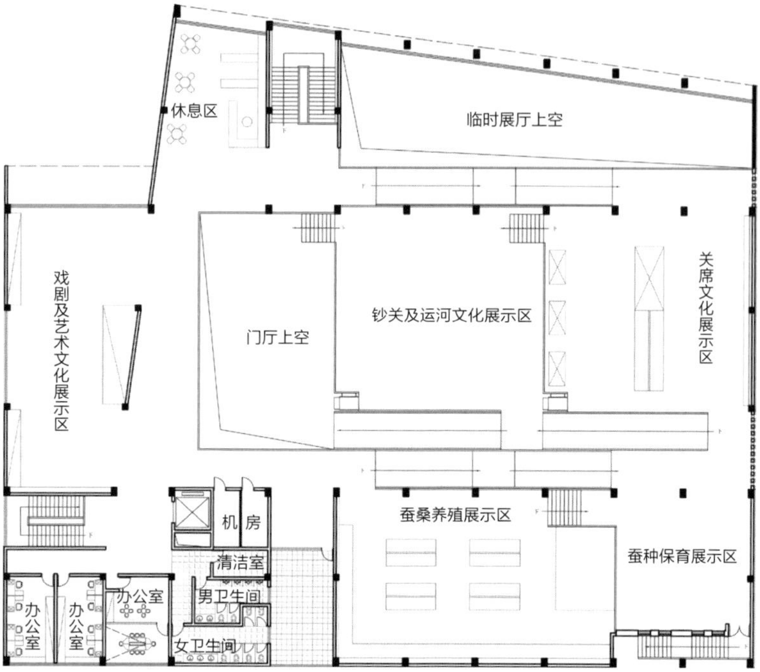

二层平面图

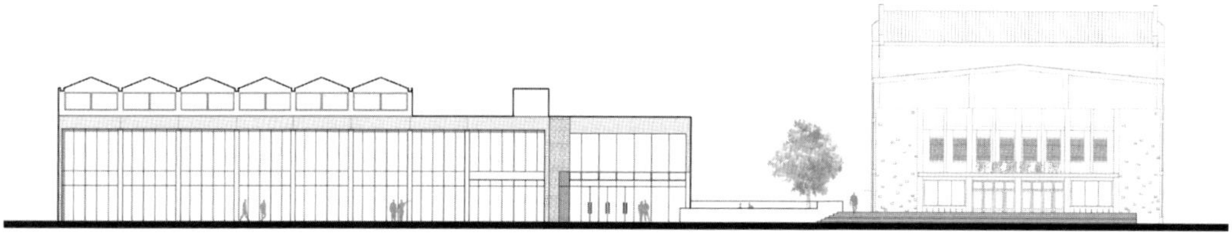

北立面图

A-A 剖面图

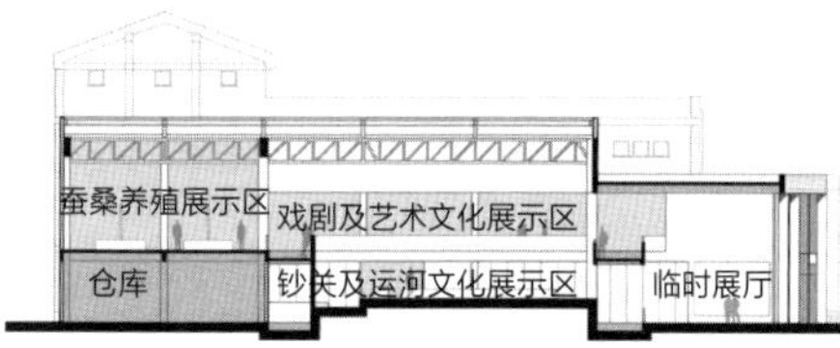

B-B 剖面图

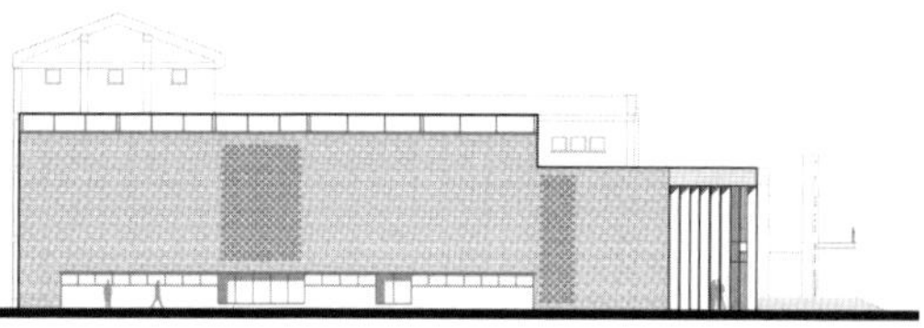

西立面图

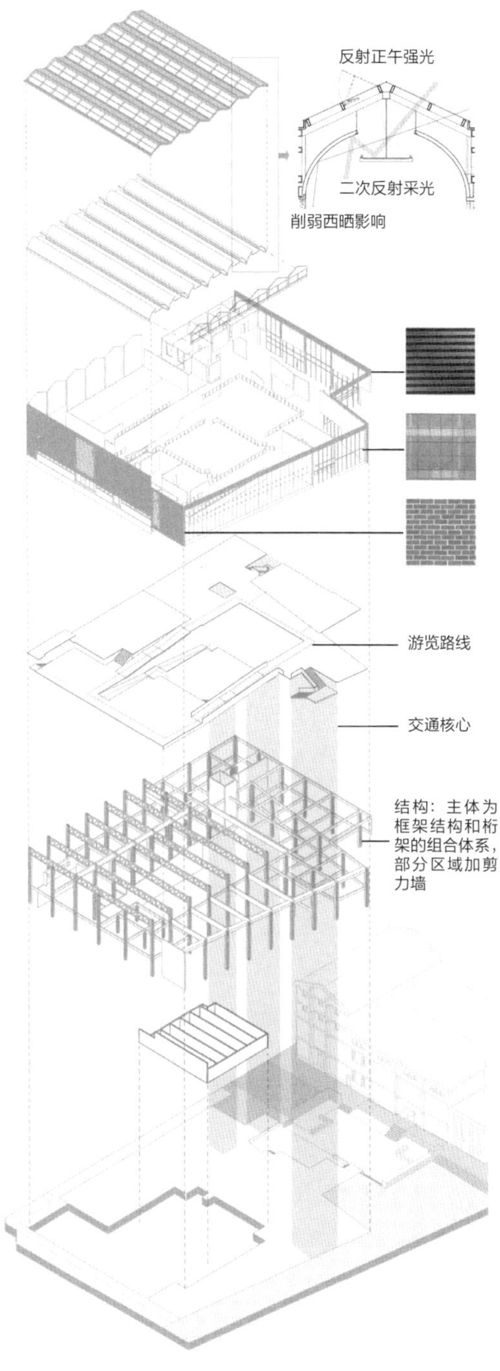
反射正午强光
二次反射采光
削弱西晒影响
游览路线
交通核心
结构：主体为
框架结构和桁
架的组合体系，
部分区域加剪
力墙

爆炸分析图

模型推敲

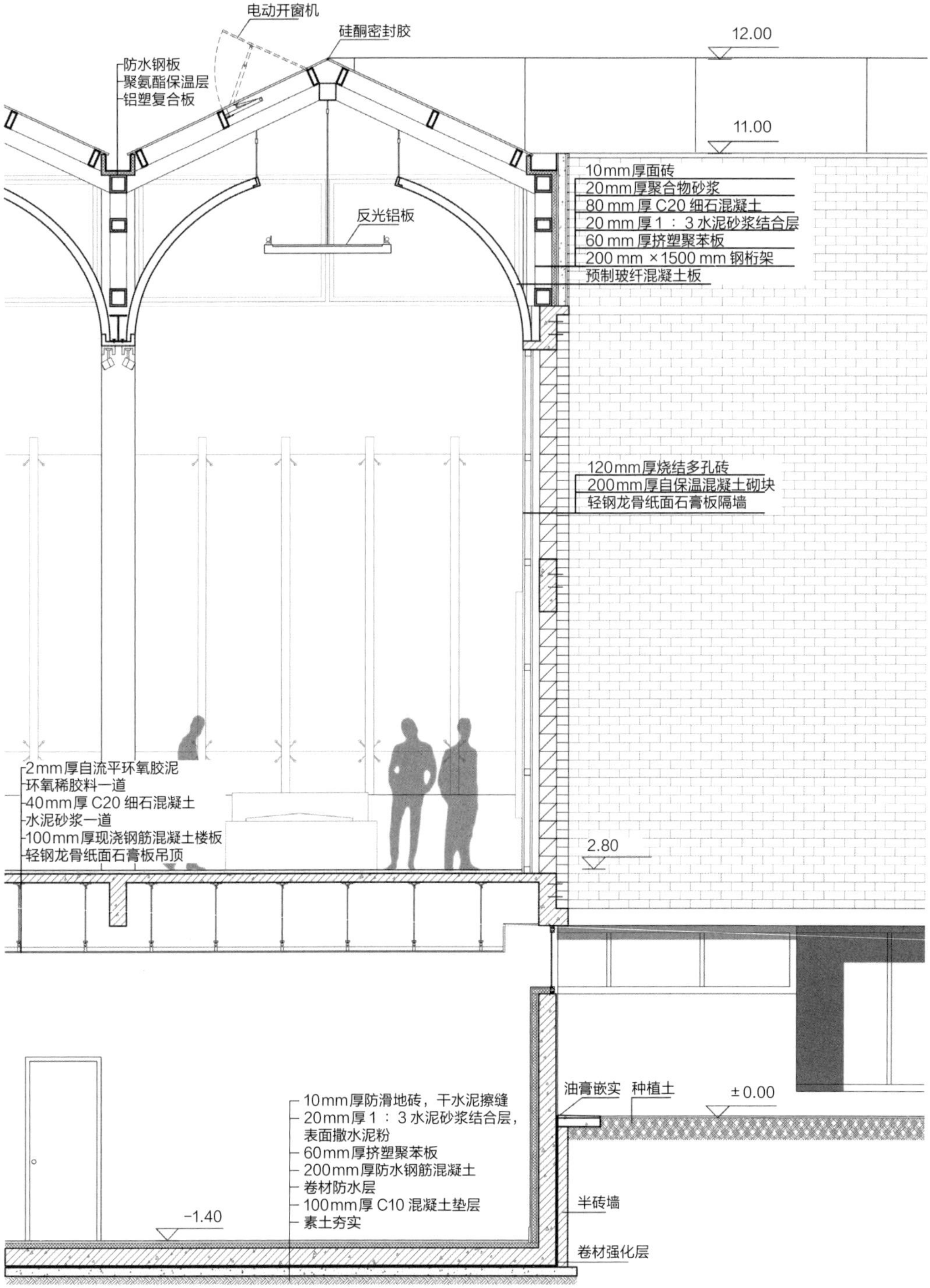
电动开窗机
硅酮密封胶
12.00
防水钢板
聚氨酯保温层
铝塑复合板
11.00
10mm厚面砖
20mm厚聚合物砂浆
80 mm 厚 C20 细石混凝土
20 mm 厚 1 ： 3 水泥砂浆结合层
60 mm 厚挤塑聚苯板
200 mm × 1500 mm 钢桁架
预制玻纤混凝土板
反光铝板
120mm厚烧结多孔砖
200mm厚自保温混凝土砌块
轻钢龙骨纸面石膏板隔墙
2mm厚自流平环氧胶泥
环氧稀胶料一道
40mm厚 C20 细石混凝土
水泥砂浆一道
100mm厚现浇钢筋混凝土楼板
轻钢龙骨纸面石膏板吊顶
2.80
油膏嵌实
种植土
±0.00
10mm厚防滑地砖，干水泥擦缝
20mm厚1 ： 3 水泥砂浆结合层，
表面撒水泥粉
60mm厚挤塑聚苯板
200mm厚防水钢筋混凝土
卷材防水层
100mm厚 C10 混凝土垫层
素土夯实
半砖墙
−1.40
卷材强化层

教师评语

丁同学的方案通过设置入口庭院来处理新建博物馆与保留剧场建筑之间的关系。庭院作为入口空间，既起到从街道到建筑的空间过渡作用，又把较有特点的剧场东立面转化为新建筑的入口对景，加强了新老建筑对话的戏剧性，同时入口庭院的公共性也为社区居民的日常活动提供了场地。

博物馆的内部空间围绕一个两层通高的中央展厅展开，其中屋顶层是平的，结合采光构造来塑造光线柔和的展厅；地面层则被分为不同标高的若干层，每层对应不同的民俗主题，展厅的净高适应了前期调研预设的展示内容。展厅空间通过阶梯和坡道两种形式的流线连接，访客既可以连续不断地接触不同主题，同时又能对展示内容产生整体的印象。

博物馆的建筑形式直接来源于空间生成逻辑，外墙材料采用与相邻剧场相同的红砖，通过不同的外墙细部来强调和保留建筑之间和而不同的对话关系。

溯回

学生 / 罗薇莎
导师 / 于雷

设计简介

本设计从民俗博物馆的公共性与社区性出发，设计展览流线与市民流线。方案在竖向设计上布置了满足不同需求的展厅空间，依据展览流线环绕折叠。同时面向基地西侧的历史建筑，塑造新旧交融的休闲广场，方便人们在向上穿行的路径中观赏具有历史风貌的立面。我希望设计不仅形成良好的新老关系，还能在游客探索建筑的过程中促进人的交流与互动，从而激发博物馆的人文活力。

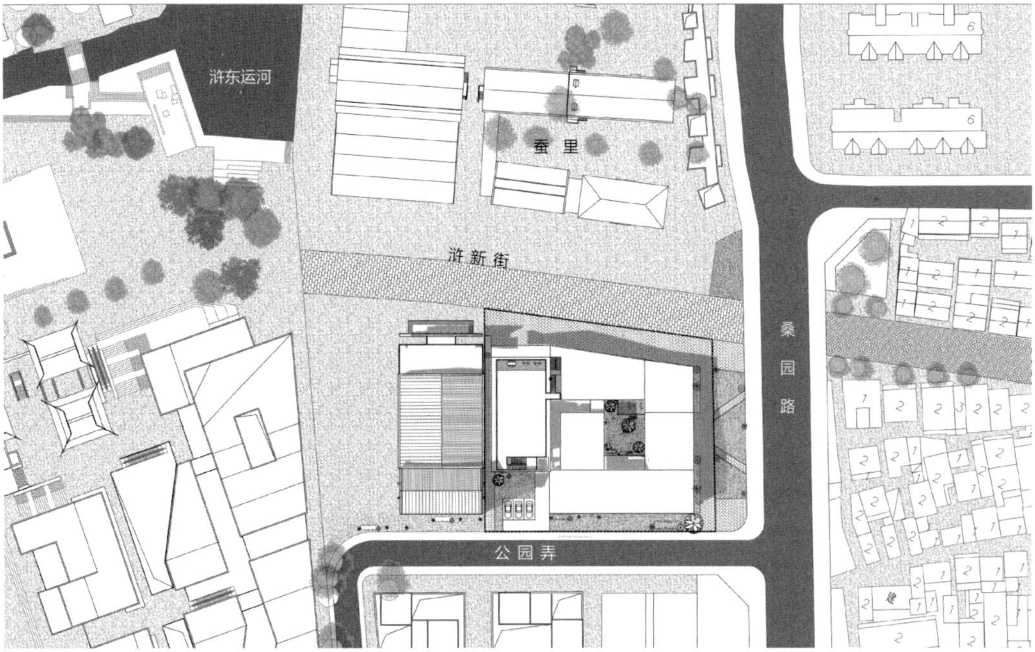
浒东运河
蚕 里
浒 新 街
桑
园
路
公 园 弄
0 10(m)
N

总平面图

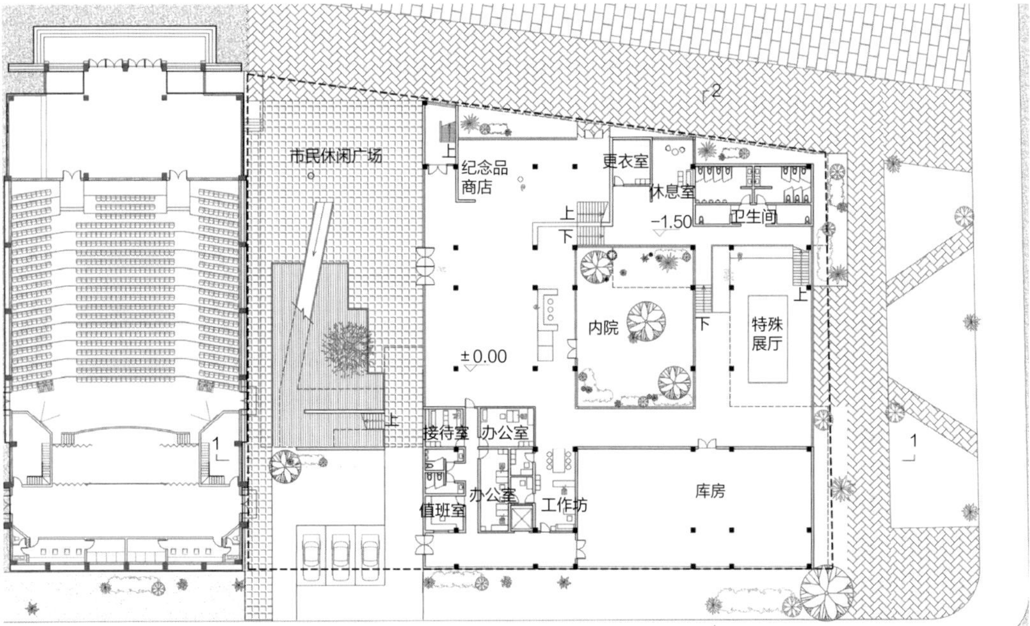
2
市民休闲广场
上
纪念品
商店
更衣室
休息室
卫生间
上
下
-1.50
内院
下
特殊
展厅
上
±0.00
上
接待室
办公室
1
1
办公室
工作坊
库房
值班室
2
0 2 5 10(m)
N

一层平面图

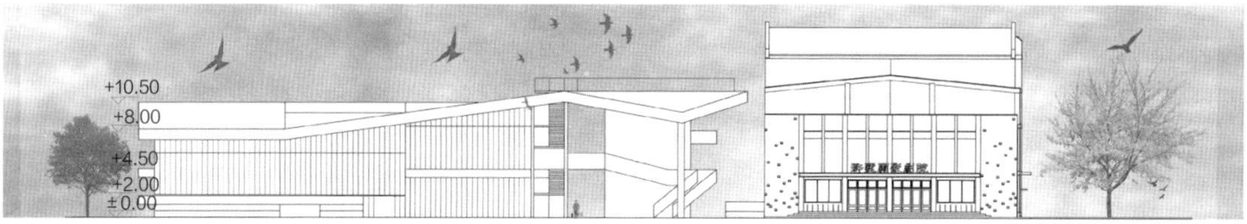

北立面图

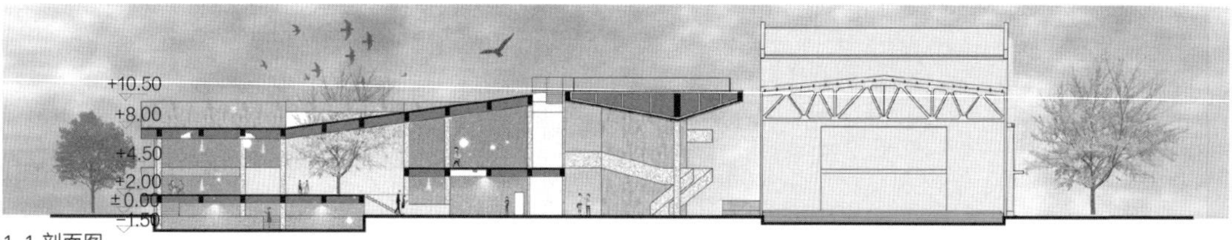

1-1 剖面图

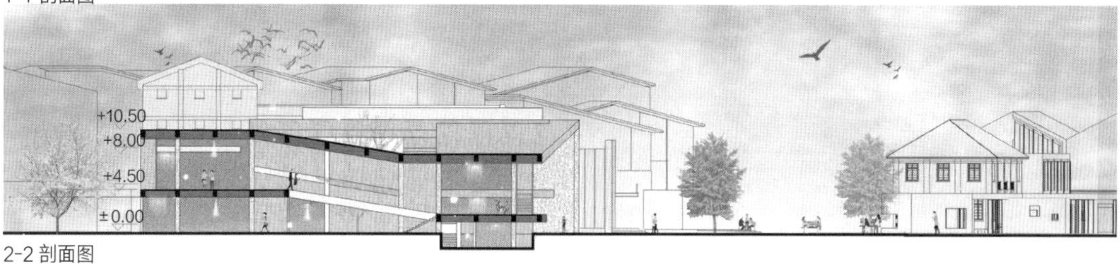

2-2 剖面图

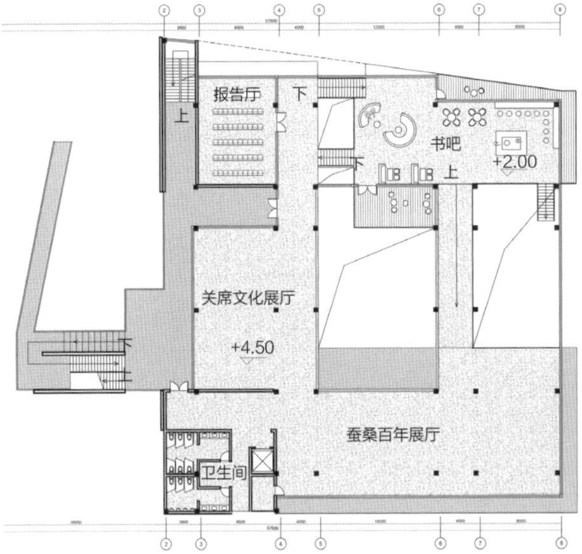
报告厅
下
上
书吧
+2.00
下
上
关席文化展厅
+4.50
下
上
蚕桑百年展厅
卫生间

二层平面图

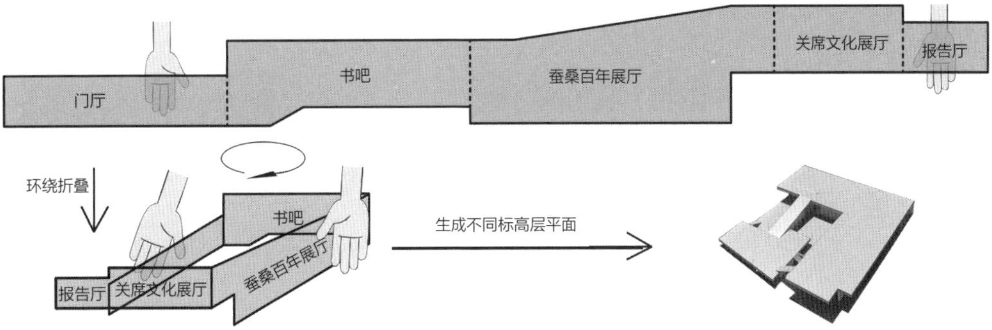
门厅
书吧
蚕桑百年展厅
关席文化展厅
报告厅
环绕折叠
书吧
报告厅
关席文化展厅
蚕桑百年展厅
生成不同标高层平面

设计生成

室内效果图

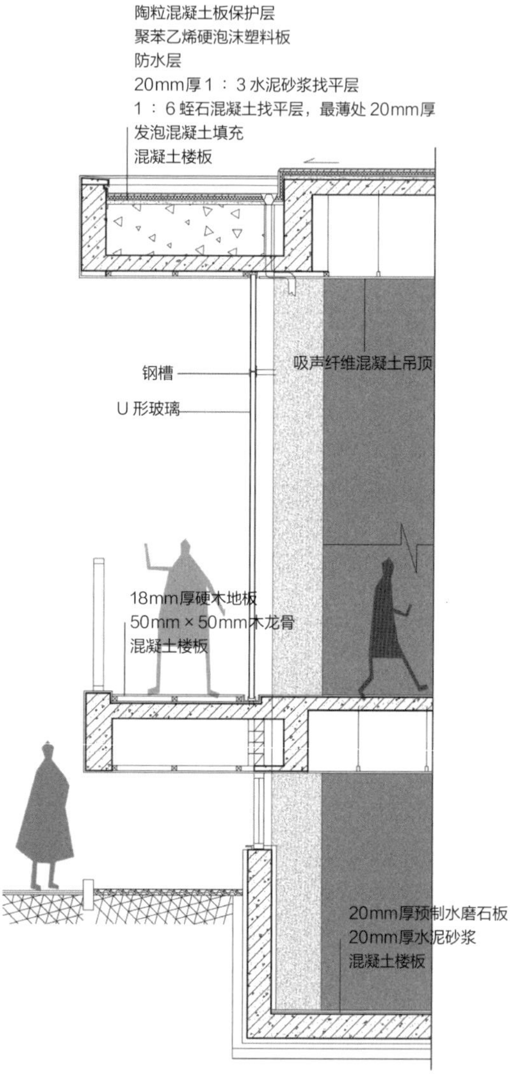

陶粒混凝土板保护层
聚苯乙烯硬泡沫塑料板
防水层
20mm厚1 ： 3 水泥砂浆找平层
1 ： 6 蛭石混凝土找平层，最薄处 20mm厚
发泡混凝土填充
混凝土楼板
钢槽
U 形玻璃
吸声纤维混凝土吊顶
18mm厚硬木地板
50mm × 50mm木龙骨
混凝土楼板
20mm厚预制水磨石板
20mm厚水泥砂浆
混凝土楼板

墙身剖面图

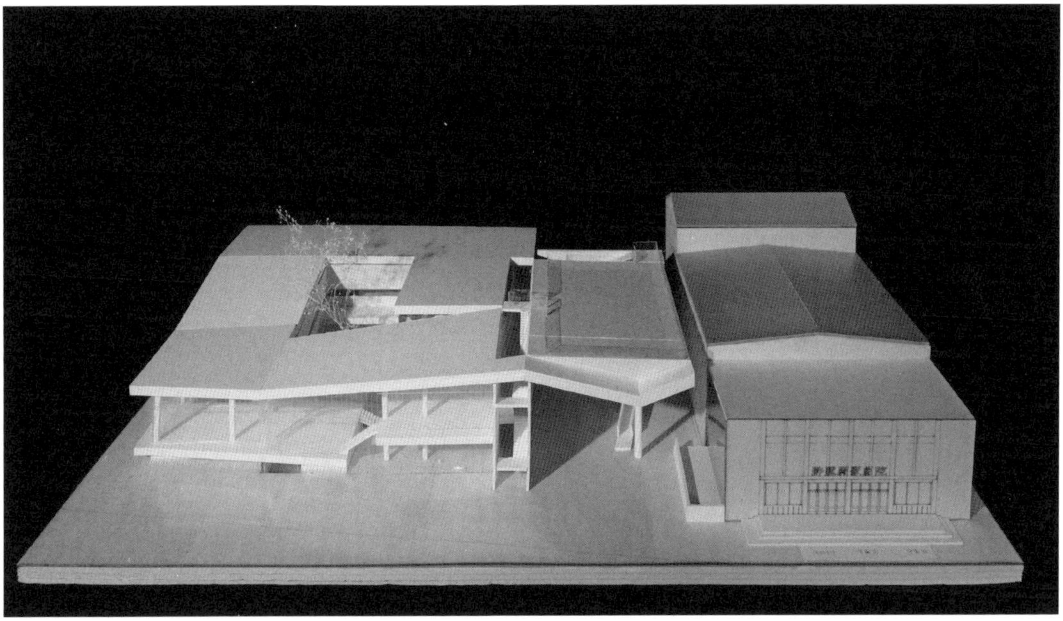

实体模型

教师评语

罗同学的这个方案内部展陈空间的剖面设计很有特点，是一个螺旋展开、逐级抬升的空间序列。她发展方案的过程是由内而外的，先设定内部空间生成逻辑，再处理与外部城市之间的关系。

在处理博物馆与保留剧场之间的关系时，她利用大悬挑结构实现新老建筑紧贴，结构下部形成半开放半私密的街道公共空间，同时把剧场侧墙转化为博物馆入口灰空间的一个界面，为外来访客和本地居民提供一处共享的多功能空间。

方案的另一个特点是将参观流线引至新建筑的屋顶，为访客和周边街坊提供了独特的俯瞰浒新街和远眺运河的体验，帮助人们建立起民俗展陈内容与所处地域之间的关联意识。罗同学的设计概念从最初的草图到最后的成果，经历了一个连续的、不断深化的设计过程。

社区美术馆建筑设计

2

南旭

课题介绍

课题的教学目标：了解与掌握美术馆设计的基本原理与相关知识点；训练建筑与环境相协调的场所营造能力以及设计概念的逻辑推演；对建筑的空间美学和结构的统一性进行探索；强化对城市文脉的理解和回应，以及对城市公共空间的介入；探索美术馆空间原型与空间组合的可能性。

基地介绍

基地位于虹口区哈尔滨路、辽宁路、嘉兴路三路交叉所形成的地块内。基地内有上海人力车夫互助会旧址，周边一侧建筑为美术馆建设用地。

基地占地 2500 平方米，现状为里弄住宅，是市井生活交织的场所。拟拆部分靠近哈尔滨路。总体设计要求：建筑密度 <50%，建筑高度不超过原保护建筑屋脊线高度，总建筑面积控制在 2500 平方米 (± ≤ 5%)，可以部分设置为地下建筑，但地上新建建筑面积不得小于 1500 平方米。需要设置 2 个小轿车泊位（3.0 米宽 × 6.0 米长，兼用作小型货车的泊位，可利用基地西侧瑞嘉苑小区地上停车场停车）。

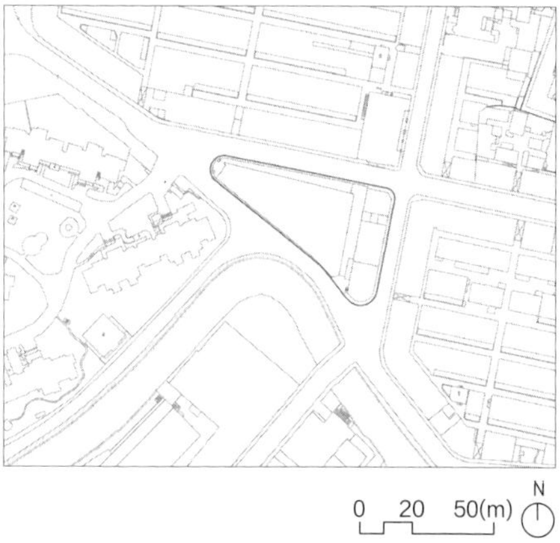

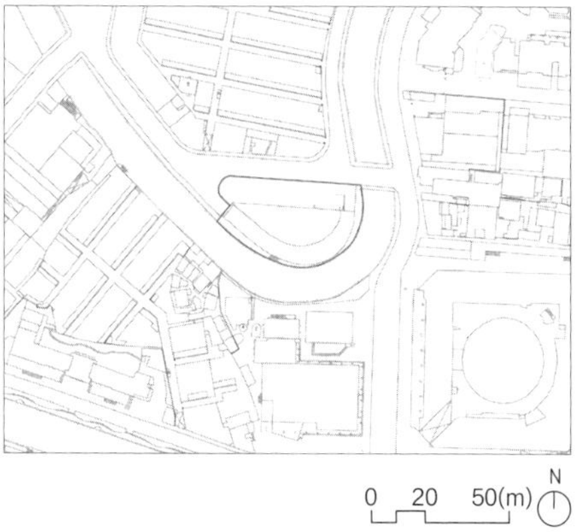

周次	时间	课程内容	形式
1	2019/9/2	课题宣讲，布置基地调研任务	个人作业
	2019/9/5	案例分析，讲解设计原理	大组讨论
2	2019/9/9	案例分析成果讨论	大组讨论
	2019/9/12	基地调研成果表达	个人作业
3	2019/9/16	拼贴：直觉的意向	个人作业
	2019/9/19	讨论拼贴概念成果，形成概念图解模型	个人作业
4	2019/9/23	概念图解模型讨论	个人作业
	2019/9/26	介入基地环境，深化概念模型	个人作业
5	2019/9/30	中期评图	大组评图
	2019/10/3	国庆假期	——
6	2019/10/10	讨论和确认概念方案	个人作业
	2019/10/12	深化设计	个人作业
7	2019/10/14	深化设计	个人作业
	2019/10/17	节点深化设计	个人作业
8	2019/10/21	成果表达	个人作业
	2019/10/24	成果表达	个人作业
9	2019/10/28	终期评图	大组评图

路径与行为

学生 / 袁崧浩
导师 / 南旭

设计简介

建筑基地附近的城市肌理丰富，高低错落的环境里坐落着新式住宅、高密度里弄、工业遗址、历史建筑、废墟等——杂糅与共生是周边环境的主题。

基地坐落于河道的拐弯处，是整个场地的视觉聚焦点；但同时它又独享一块街区，和周边建筑有着一定的距离感。方案意图让建筑与周边丰富的背景环境形成多样的看与被看的关系，并聚焦社区美术馆这一定位，强化观展体验与公共活动的关联，将日常性融入纪念性之中。

方案面对主要城市道路，用大豁口作为主入口，形成强烈的欢迎姿态；面对细碎的街巷体量，建筑保留并加固了场地中已经存在的砖混结构商店盒子，以渗透式的界面回应巷道中行走的感知；面向河道，方案用桥、大坡道与连续的铺地将 1933 老场坊前的公共系统与建筑道路连接——公共路径与建筑发生缠绕，观展流线与公共流线交织，场地附近的老场坊、对岸的工业旧址、西侧深远的河道景观以及北侧的里弄，将在建筑中被居民与游客以不同的姿态观察。

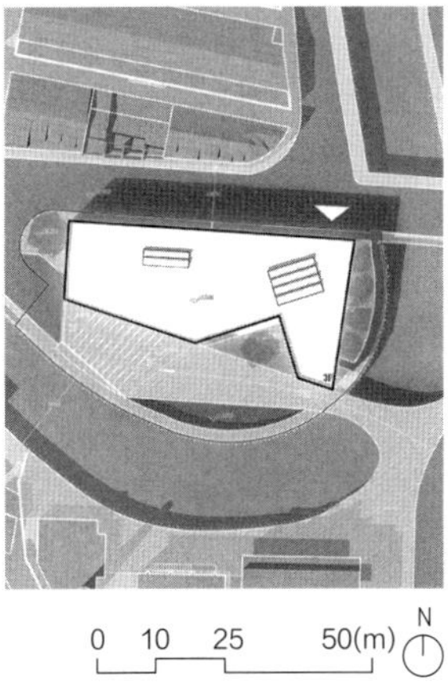

总平面图

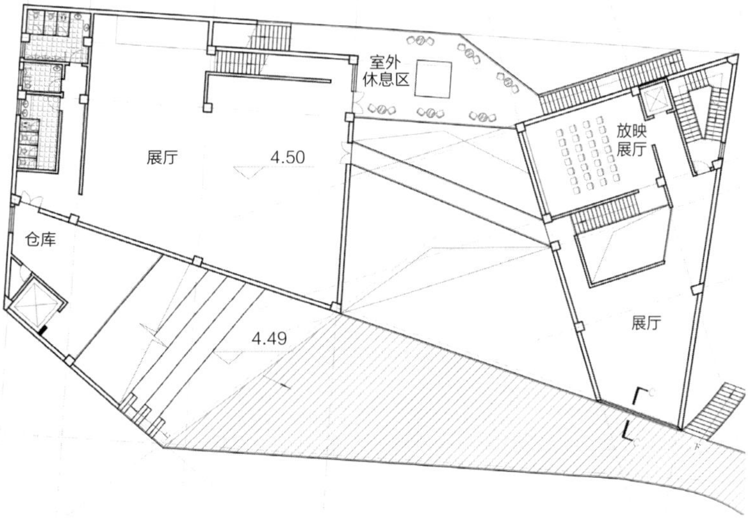

二层平面图

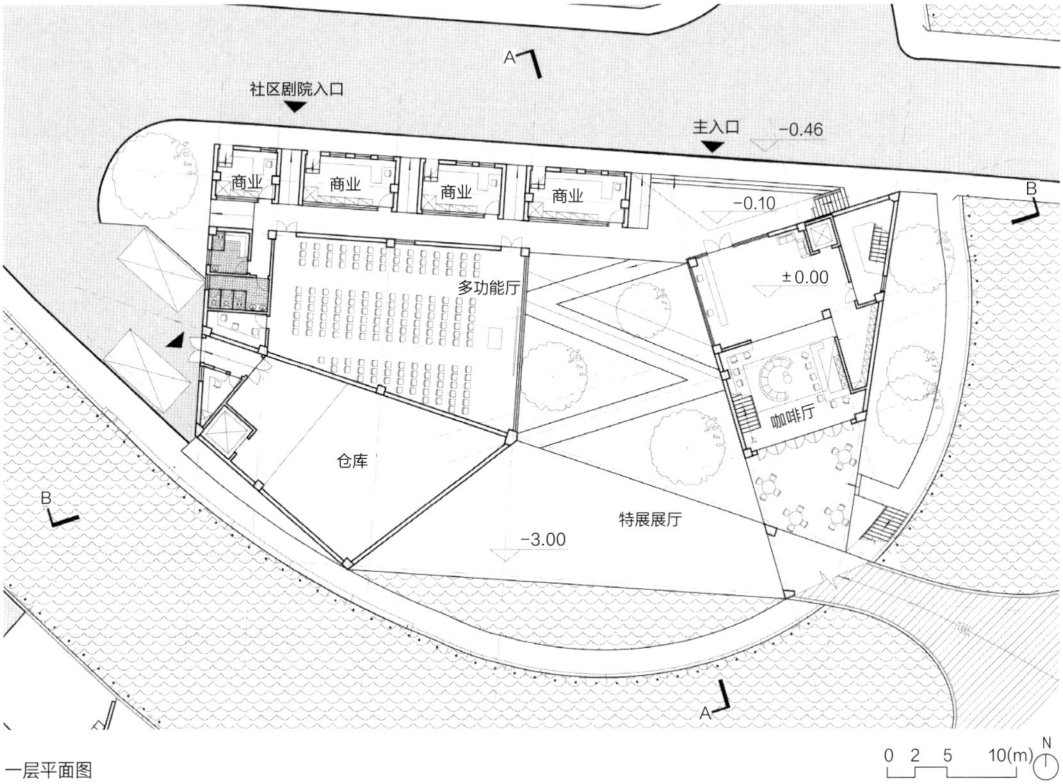

一层平面图

剖透视图

实体模型

教师评语

袁崧浩同学的方案从城市空间入手，通过连桥将行人引入美术馆内部，使原本消极的封闭场地成为活跃的城市广场。他在处理街道和河岸界面的时候也巧妙地采取了不同的策略，丰富了建筑的内外空间和观展体验。

悬吊画廊

学生 / 尹泽诚
导师 / 南旭

设计简介

场地位于上海市虹口区音乐谷中央区域，曾是虹口菜市场所在地，周边存有屠宰场和 1913 年老洋行等上海核心工业改造项目，周围的空间错综复杂且历史悠久。

场地内主要的核心建筑类型——里弄和巷子，是本次设计核心的原型出发点。随着近年来居住人口构成和生活习惯的变化，里弄和巷子已经逐渐失去了活力。传统意义上的里弄内部交流伴随着时代进程逐渐瓦解，缺乏外部交流和活动空间成为制约其活力的最大问题——古老的历史赋予建筑以焕发现代活力的可能，而现代性的引入并没有为历史街区创造同等的价值。

因此，设计以场地现有的形式元素——“万国旗”为核心设计切入点，通过在地面上搭建巨型的钢结构以象征街区内部的厚重历史，引入一条“轻”的艺术长廊，并通过二者的错位形成悬空的“城市露台”，旨在最大限度地呈现现有场地“历史”与“现代”交织的状态和关系。上下两个城市露台，一个面向外滩和陆家嘴，另一个则面向整个街区的社区活动空间，意图最大限度地发挥公共空间的能动性，为街区活力的焕新创造可能性。

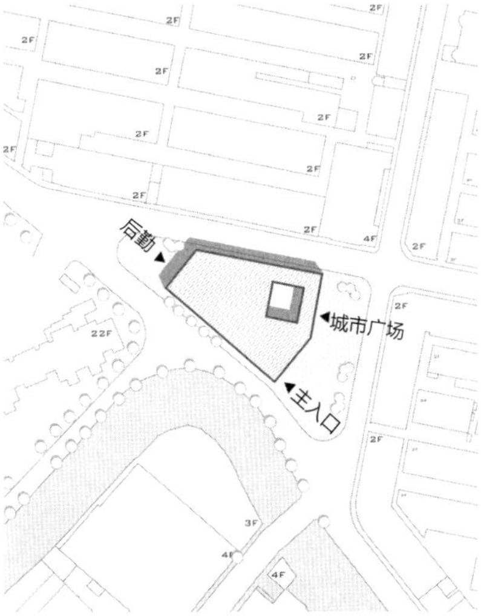

总平面图

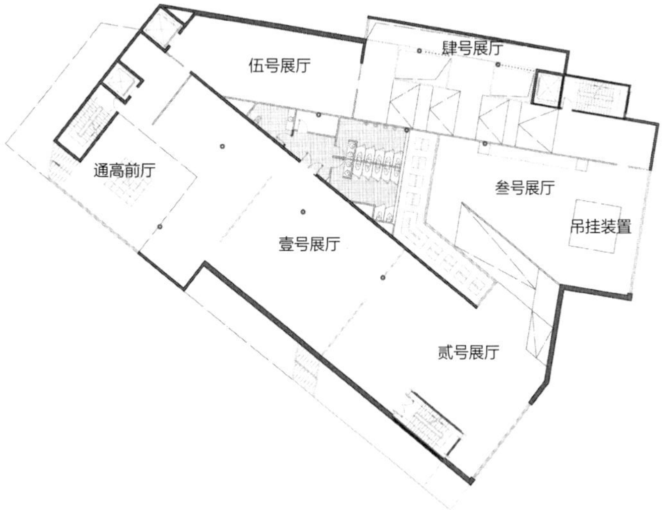

二层平面图

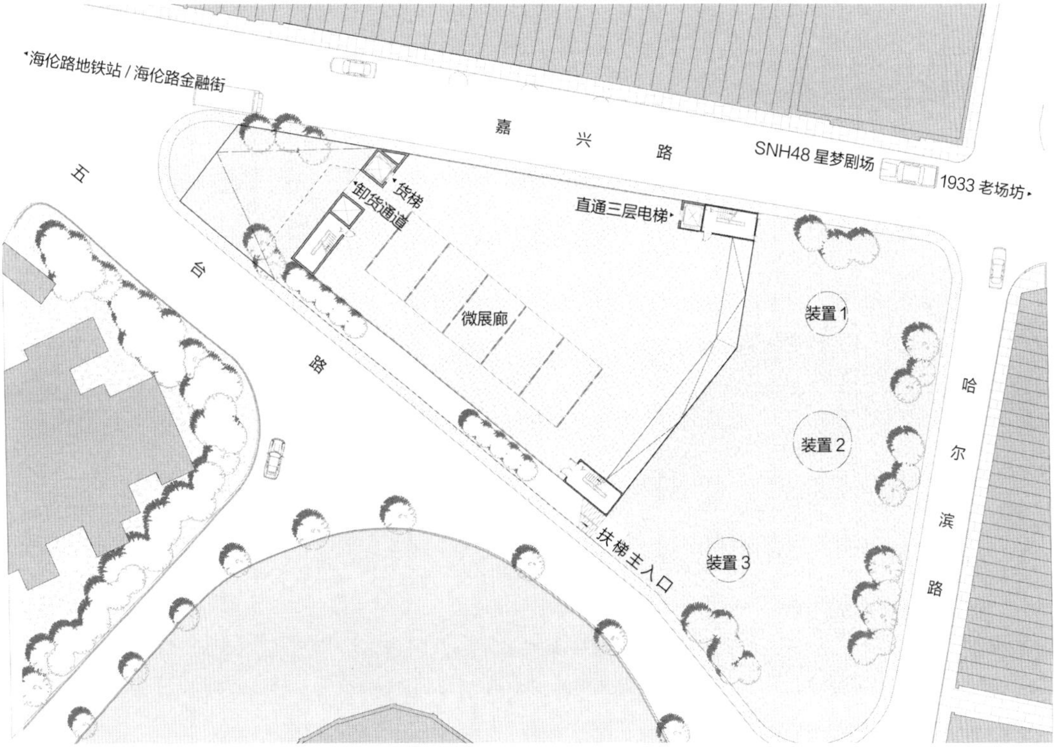

一层平面图

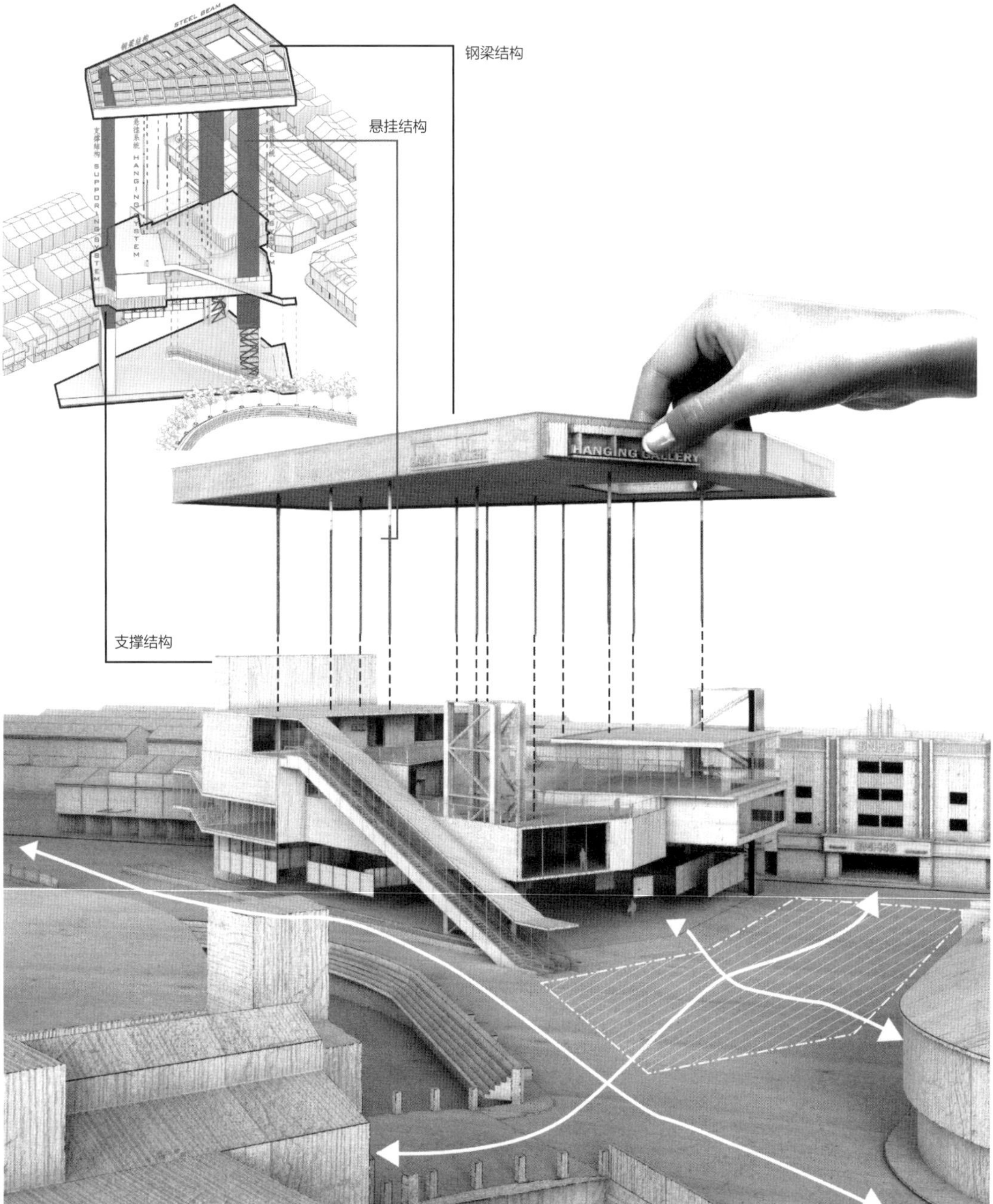

模型体系建构

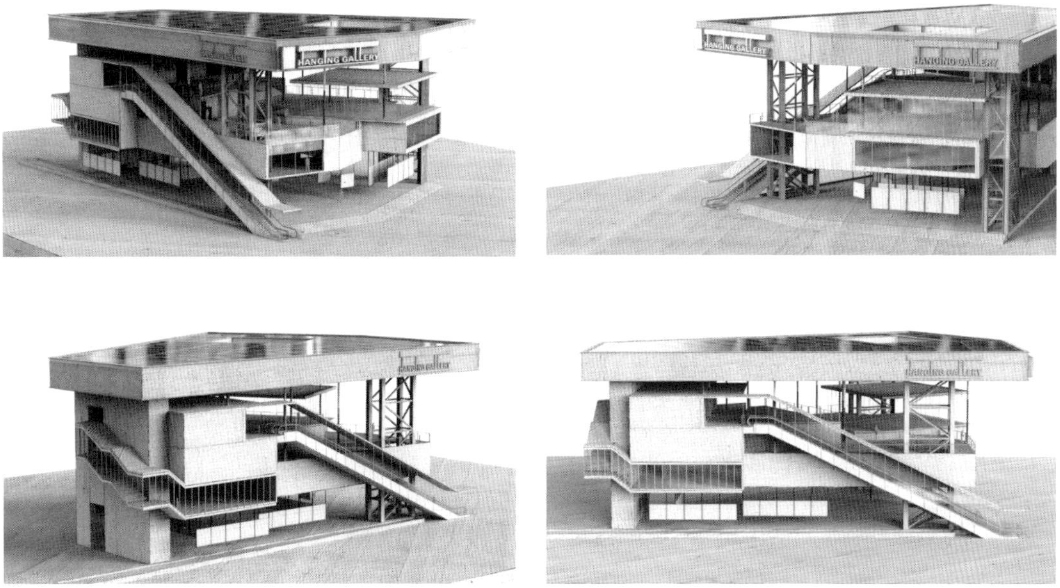

实体模型

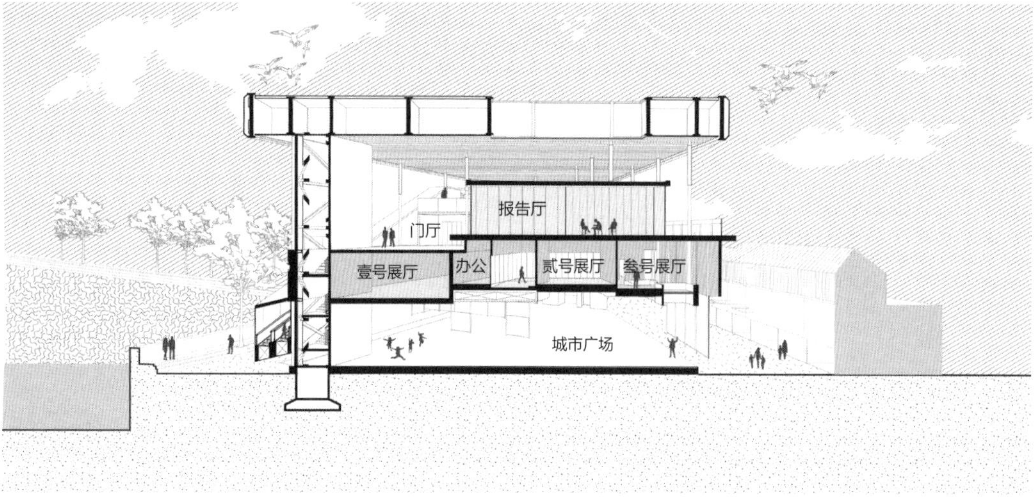
报告厅
门厅
壹号展厅
办公
贰号展厅
叁号展厅
城市广场

A-A 剖面图

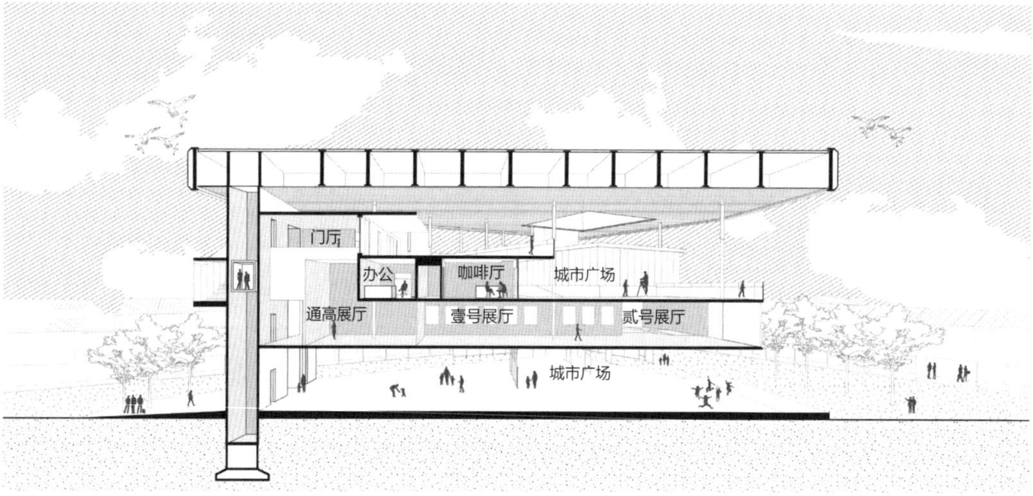
门厅
办公
咖啡厅
城市广场
通高展厅
壹号展厅
贰号展厅
城市广场

B-B 剖面图

教师评语

尹泽诚同学的选题位于上海虹口邻里社区之间的地块。他从当地生活方式所产生的场所氛围中汲取灵感，采用“悬挂”的方式将建筑体量抬起，将公共广场还给城市。结构和功能所带来的挑战反而成全了方案的特点。

展厅空间的高差变化和内外空间的交错为观展者提供了更丰富的体验，结构体系清晰地表达了服务空间与被服务空间的关系。

（非）常态性“第二空间模式”的探讨：上海老城厢冥想中心 & 上海外滩纪念中心

3

洪人杰

课题介绍

（非）常态性“第二空间模式”的设计重点是对“模式”（pattern）的探讨，并且利用其形成过程作为一种模拟都市空间形式的策略，进而发展出具有潜质的形态，如结构、空间、材料等。

课程第一阶段为情境扫描（situation scanning），以五个分项对上海老城厢至黄浦江区域进行分析——边际条件的形成（border condition）、移动或渗透（movement / porosity）、连续性（continuity）、组织或组成构架（organization / composition）、类型或剩余物（type / residue）。分析研究的对象与方法不限，唯有材料须以实证为主，记录文件及统计数字为辅；研究成果须以叙述性图表（narrative diagram）的形式归纳呈现，图表的形成过程必须能够被具体陈述，并且包含上述各主题分析研究的结论。

第二阶段为现象阅读（phenomenon study），在上海老城厢至黄浦江区域中框选基地周边，进行记录与调查。调查的重点在于发掘“基地周边”与整体区域运作在活动周期、社会功能、生产消费与都市尺度等方面的相互关系问题。例如，控制地块的“稳定性”与“变异性”的主角与现象是什么？现象模型（prototype）是本阶段研究结论的呈现方式，指利用上述研究对基地进行设计，形成新的空间类型。

第三阶段为模式锻造（pattern fabrication），课题要求有选择性地结合以上研究成果，在指定的基地范围内设计一座建筑。设计重点在于将模式视为一个整合性的系统（a system of systems），“（非）常态性‘第二空间模式’”则是启动这个系统的助燃剂。

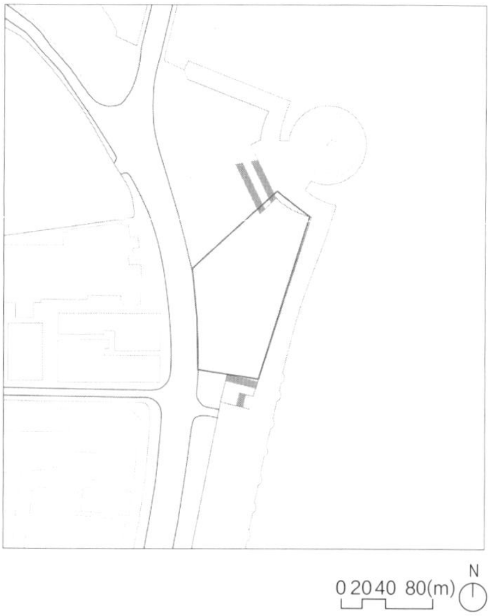

基地介绍

地块一：上海冥想中心（左页上图）

基地位于上海市人民路和大境路交叉口的绿地上，南靠明万历年间建成的大境阁，东临清代末年建成的全真道观白云观。此处也保留有上海仅存的明代城墙，历史底蕴深厚。基地内树篱环抱，小径穿过，环境幽雅宁静。这里承载着上海老城厢的历史记忆，也是文化交流和静心休憩的理想场所。

地块二：上海外滩纪念中心（左页下图）

基地位于上海市黄浦区外滩的黄浦公园，占地面积约7000平方米，现为绿地广场。基地北侧为上海市人民英雄纪念塔，西侧隔中山东一路与东方汇理银行旧址等历史建筑相望，东侧依次为外滩观景平台、黄浦江。基地及周边环境为中国历史文化街区，现已成为上海市重要地标景点。

周次	时间	课程内容	形式
1	2019/9/2	情境扫描：基地参观，区域研究，制作基地手工模型 1/200、基地电子 3D 模型	个人作业
	2019/9/5	情境扫描：区域研究，10 个手工体块研究模型 1/200	个人作业
2	2019/9/9	情境扫描：区域研究，2 个手工体块研究模型 1/200	个人作业
	2019/9/12	情境扫描：区域研究，3 个手工体块研究模型 1/200，材料研究，功能分析图（模型需反映研究重点，并放在基地模型中）	个人作业
3	2019/9/16	现象阅读：基地功能研究，单元排布图（平面或剖面），材料研究，2 个手工体块研究模型 1/200	个人作业
	2019/9/19	现象阅读：基地功能研究，单元排布图（平面或剖面），材料研究，2 个手工体块研究模型 1/200	个人作业
4	2019/9/23	现象阅读：基地功能研究，空间排布图，1 个手工空间研究模型 1/200	个人作业
	2019/9/26	现象阅读：基地功能研究，空间排布图，1 个手工空间研究模型 1/200	个人作业
5	2019/9/30	模式锻造：分析图，平面图，剖面图，1 个手工空间研究模型 1/200	个人作业
	2019/10/10	初期评图，同济大学建筑与城市规划学院红楼钟庭大厅	大组评图
6	2019/10/14	模式锻造：分析图，3D 模型研究空间效果，平面图，剖面图	个人作业
	2019/10/17	模式锻造：分析图，3D 模型研究空间效果，平面图，剖面图，1 个手工空间研究模型 1/50	个人作业
7	2019/10/21	中期评图，同济大学建筑与城市规划学院红楼钟庭大厅	大组评图
	2019/10/24	模式锻造：分析图，效果图，总图，平面图，剖面图，1 个手工空间研究模型 1/50，1 个手工建筑模型 1/200	个人作业
8	2019/10/28	终期评图，同济大学建筑与城市规划学院红楼钟庭大厅	大组评图

上海老城厢冥想中心

学生 / 江席雅
导师 / 洪人杰

设计简介

本研究性设计旨在通过实地调研和分析，提取上海老城厢中具有代表性的都市事件，研究并将其转译成特殊空间类型，以冥想空间为载体进行表现。本设计选取老城厢的集市活动作为研究的都市事件。自社会生产分工形成以来，交易成为重要的社会活动，并以集市为空间载体。随着时代的发展，集市的形态不断更迭，老城厢中仍保留有较为传统的交易活动和集市空间，承载着城市的历史和记忆。

老城厢集市主要分为流动与固定两种类型：流动集市包含地摊、推车、桌椅等可移动载体；固定集市主要为里弄建筑的底层沿街店铺。设计选取上海文庙所在的街区作为典型进行研究。其集市空间呈现出向心性：中心为开敞的广场空间，周围环绕紧密的里弄空间。在周末文庙旧书集市活动中，流动集市聚集在中心广场并渗透至周围街道空间，固定集市则沿街道稳定分布。

上海老城厢冥想中心将集市事件转译为建筑空间。方案将多个大小不一的矩形空间置于建筑外部，以向心放射状暗示集市空间与城市街道的隐性关系，同时在形态上与周边寺庙相呼应。内部形成中心式的大冥想场所，同时作为多功能社区活动场所向市民开放。不规则的家具和植物随机分布在中心空间，暗示流动集市的渗透性。建筑以实体的语言转译老城厢集市的记忆，提供独特的冥想空间体验。

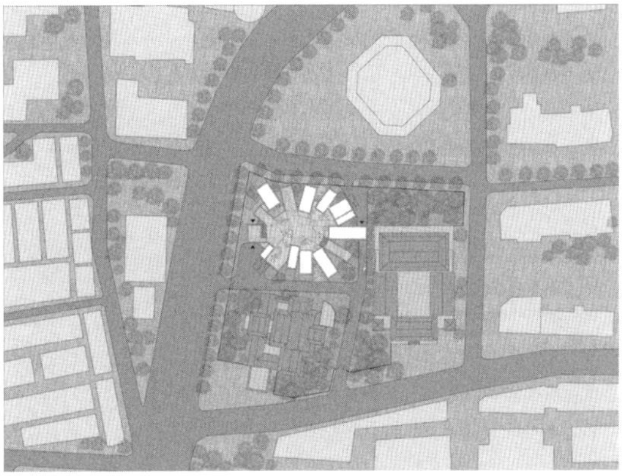

总平面图

模型照片

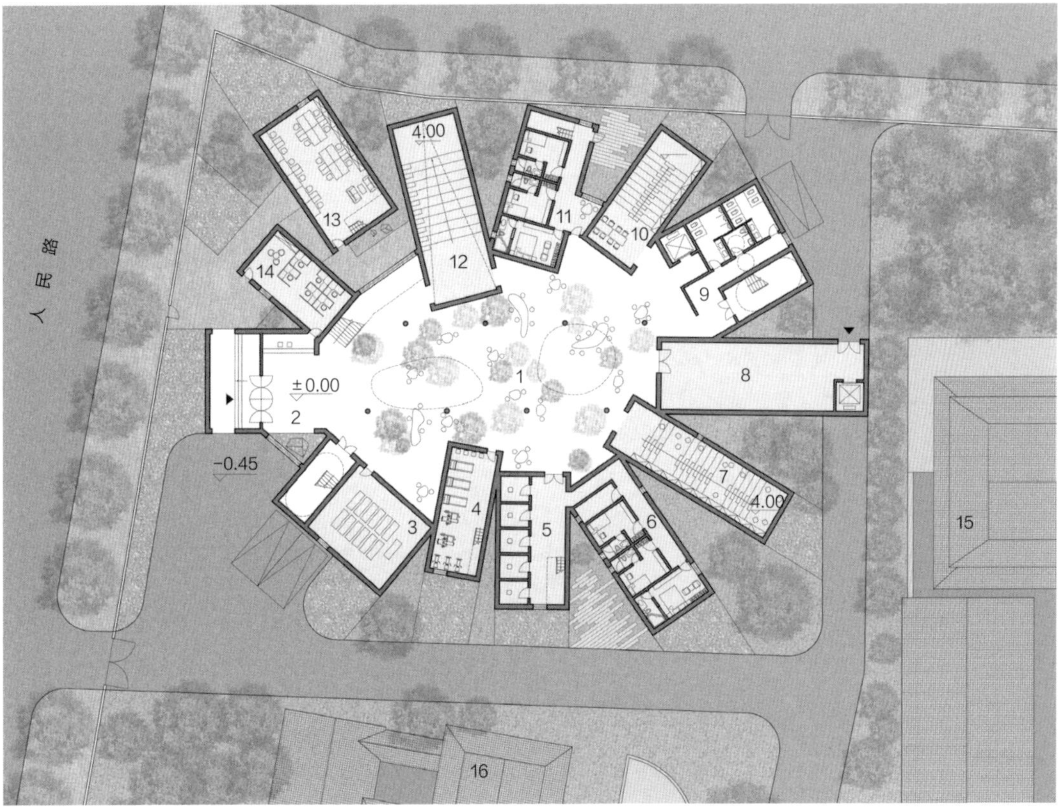

首层平面图

1 展览区
2 门厅
3 瑜伽室
4 活动室
5 冥想室
6 休息室
7 阅读室
8 仓库
9 卫生间
10 阅读室
11 居住
12 放映室
13 办公室
14 管理室
15 白云观
16 大境阁

0 2 5 10(m) N

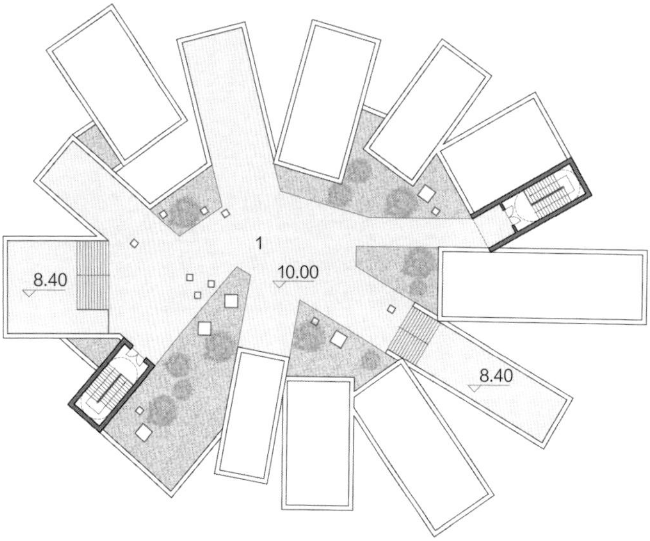

1　露天集市

屋顶平面图

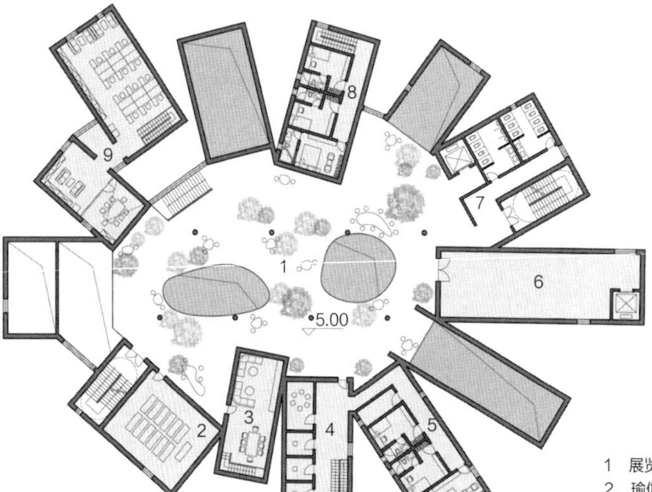

1　展览区　　5　休息室　　9　办公室
2　瑜伽室　　6　仓库
3　活动室　　7　卫生间
4　冥想室　　8　居住

二层平面图

透视图

教师评语

江席雅同学以上海老城厢的假日市集、移动摊贩推车、零售店铺作为研究对象，观察上海老城厢区域在特定时段中所产生的事件性空间。有趣的是，这些具有时间性、灵活性、变化性的活动，不仅暗示着与庙宇庆典的隐性关系，更呈现空间在动态、模糊与消隐之间的状态。江席雅同学在设计中把功能性空间布置在外侧，自然形成中心式的大冥想场域，在平日时段中央空间可以是多功能花市、爵士乐表演、社区活动的场所，到了假日则转变成用于天光冥想、亲子工作坊、邻里关怀的场所。此设计的独特之处在于探讨城市介面的皱褶性、空间边界的不确定性，以及精神场所的二元性——复杂与简易化。

这样的空间操作不禁让人联想到意大利罗马的万神殿，在邻近万神殿的街道上，分布着许多市集活动、摊贩推车，以及各种社区表演。建筑本身不仅有宗教性象征，更带着仪式感与归属感，为城市、街道、人群带来联系与希望。

覆顶上下

学生 / 文凯
导师 / 洪人杰

设计简介

行走于上海的里弄，透过建筑的窗户、门洞、天井，人们无需走入其中便能感受到浓厚的生活气息。各个里弄本身的空间结构是相似的，透过这些建筑开口观察到的生活物件却截然不同。于是，天井、门洞、窗户这些具有特殊意义的空间要素成为此次设计更加具体的研究对象。

方案设计以里弄开口为原型，将其转化生成空间。整体的空间模式便是一个个融合了不同开口类型的盒子，并根据氛围与功能需要将它们合理组织在一起。每一个盒子空间都蕴含着独特的氛围与体验，与里弄开口具有类似的日常性与丰富性。

设计题目为“上海外滩纪念中心”，且北侧是肃穆的上海人民英雄纪念塔，因此新建筑的纪念性是首先需要考量的。然而，外滩作为中国城市的重要景观，早已被旅游业与商业覆盖，休闲游览的人群络绎不绝，其日常性被推向了一个高峰。因此，场地本身就是一个极其复杂、能量极强的场所，如何处理好纪念性和日常性的关系是该设计的核心。

纪念中心整体采用了水平向的体量，与北侧高耸的上海人民英雄纪念塔产生对话。水平与垂直，覆盖与占据，两组纪念物通过相对的建筑语言产生微妙的关系，既相互突出，又相互补充，同时体现了各自的意义侧重。新建纪念中心以一种雕塑般的体量覆盖场地，长度与高度对比之强烈更烘托出了一种强烈的纪念性。

在纪念性与日常性的关系处理方面，上海外滩纪念中心雕塑般的巨构之下，是大片可供人们自由活动的灰空间，封闭的展览空间仅占其中一小部分。光通过光井照亮部分地表，带来了生机与活力。而水平体量的上方面对黄浦江与陆家嘴形成缓坡观景区域，暗含了一种历史的方向性，也为人们提供了极大的休憩停留空间。人们在不断延伸的外滩行走，缺少停留的地方，这一缓坡将弥补这一不足，并为人们丰富多彩的日常活动提供空间。

在对城市的回应上，上海外滩纪念中心在临街面呈现退让的姿态，手工石材的体量与材质也与万国建筑群这一历史建成环境相互对话；在北面，则形成纪念建筑之间的一个缓冲地带，并保留部分树木，维持原有通往人民英雄纪念塔的空间界面。建筑中部末端则如同一个锚点嵌入大地，作为结构的同时引导人们往两个重要方向行走。

模型总平面图

模型照片

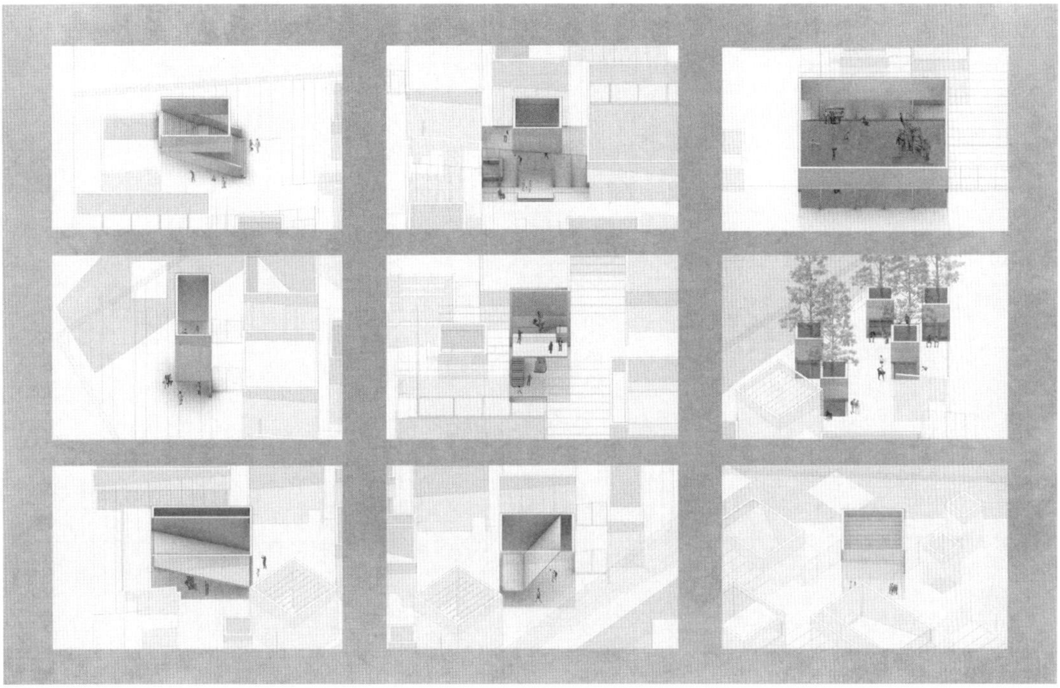

二层平面图

一层平面图

1-1 剖面图

2-2 剖面图

教师评语

文凯同学以上海外滩节庆活动、建筑样式、空间组织作为研究对象，观察上海外滩至老城厢区域在特定时段中所产生的事件性空间。除此之外，上海那些独特且迷人的里弄场所，以及外滩特有的灯光与活动，也被作为观察对象，反映在文凯同学设计的上海外滩纪念中心上。

在设计操作手法上，屋面大平台直接连接到外滩廊道，体现建筑面对城市的公共性，同时藉由屋顶空间的延伸，在水平向度连接外滩万国建筑群，形成独特的建筑风景。在垂直向度上，屋面大平台产生大小不一的开口天井，促使内外空间最大化地产生联动，进而让外部风、光、雨等自然元素渗入室内，让纪念性空间产生特有的仪式感。

这个特有的空间尺度与场所效果，有如意大利罗马的西班牙大台阶，其垂直方向上的轴线结合特有视觉焦点，在水平延伸方向也结合多样的事件与活动，从而让建筑融入城市，产生特有的记忆与归属，丰富并完善人们进行空间探索的体验。

花房 × 书房

4

何孟佳

课题介绍

这是一个混合了花卉市场和社区图书馆两种功能类型的设计课题。

文化要在社区里植根，需要落脚点，特别是要找到居民的需求点。基地所处的区域老旧小区较多，公共配套设施不齐全，缺乏开展文化活动的场地。社区图书馆可以有效地响应这一诉求。与此同时，社区文化的地域性、独特性和复合性被认为是社区认同与价值再造的基石。所以，从传统文化里挖掘文化基因，并以居民喜闻乐见的形式呈现，可以让文化的种子在社区土壤上落地生根。花卉市场在形态上是以花卉为商品的交易市场，在课题里更被视为一个传统文化在日常场景下的载体，而社区图书馆实为设计的功能主线。

虽然花卉市场和社区图书馆都具有公共属性，但又是相对独立的，在公共性程度上也有差别，在设计中需分辨共同性和差异性，并创造性地协调好两者之间的关系。这种碰撞或是交叠应被视为一种设计机会，花卉市场因图书馆而提升了内涵和层次，图书馆因花卉市场而更具生活气息，两者相辅相成。

课题目标是通过理性的判断，积极的尝试，呈现一座具有功能性、象征性和城市性的社区公共文化建筑。

如果说花卉文化在目前是隐形的，基地周边还有非常鲜明的显性文化，比如租界时期留下的历史建筑。虽然老建筑不在基地范围内，但这是在设计过程中不能被忽略的，也使得设计具有一定的复杂性。人文环境本身就不会是永远纯粹的，特别是对于上海这座经历过多次“拼贴”的城市来说，在复杂环境下的思考和判断是一个永恒的命题。同学需尝试在复杂环境中觅得一个内在的秩序，并在设计中给出一个独立的解释。

基地介绍

基地位于上海市新华街道。历史上法华镇的中心，就是新华街道内法华镇路和香花桥路的交叉口。法华镇形成于宋末，是上海中心城区范围内最早出现的市镇，有“先有法华，后辟上海”的说法。古时镇域内曾遍植牡丹，商号林立，庭院错落，有“小洛阳”的别称，赏花吟诗是当时文人重要的文化活动。时至今日，新华街道还每年定期举办“法华牡丹节”纪念这一文化传统。

设计基地位于番禺路和牛桥浜路交叉口东北侧，现为交通涉案车辆停车场，用地形状近似正方形（东西长56.5米，南北长57.8米）。基地北侧为一所职业技术学校，东侧为一片拟建住宅用地。

基地周边既有多处文物和历史保护建筑（孙科别墅、邬达克故居、大境别墅和红庄小区等），又有已植入新功能的城市空间（上生·新所、幸福里等），在上海城市更新方面极具代表性。周边居住区密集，市民生活气息浓郁。

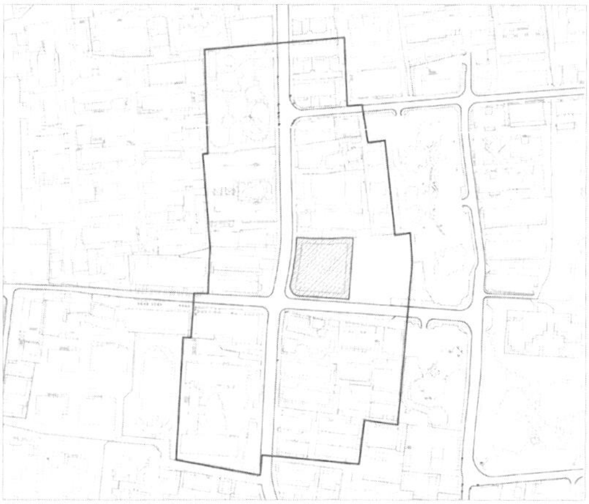

0 20 50 100(m) N

周次	时间	课程内容	形式
1	2019/9/2	课题宣讲，布置调研	小组讨论
	2019/9/5	讲解：任务书，设计研究方法 组员汇报基础调研成果	小组讨论
2	2019/9/9	讲解：设计构思常见问题 组员汇报调研成果，自拟设计任务书	小组讨论
	2019/9/12	讲解：案例研究方法 组员汇报设计理念和构思草图，案例研究，场地模型	小组讨论
3	2019/9/16	构思总平面草图和分析图，制作模型，补充案例研究、场景意向	个人作业
	2019/9/19	明确设计策略，制作场地设计成果和模型，确定形体和空间关系、场景意向	个人作业
4	2019/9/23	各层平面草图，剖面草图，包括功能流线在内的系统性分析	个人作业
	2019/9/26	各层平面图 1/200，剖面图	个人作业
5	2019/9/30	中期汇报	大组评图
	2019/10/3	国庆假期	——
6	2019/10/10	讲解：深入设计结构、材料、构造和细部 优化平面图、剖面图、三维模型，立面材质意向	个人作业
	2019/10/12	主要场景渲染图，确定立面材质，立面图 1/200	个人作业
7	2019/10/14	完善整体方案，绘制平立剖面图	个人作业
	2019/10/17	讲解：成果表达策略 绘制正图，细部与构造设计	小组讨论
8	2019/10/21	绘制正图，细部与构造设计，制作模型	个人作业
	2019/10/24	绘制正图，细部与构造设计，制作模型	个人作业
9	2019/10/28	终期评图	大组评图

同一片森林中

学生 / 张可欣
导师 / 何孟佳

设计简介

场地位于上海市长宁区番禺路与牛桥浜路交叉口，这里原本为停放违章车辆的停车场，四周有围墙。由于长宁区与花卉有一定的渊源，课题拟在这里建造一处集合花市与书房功能的社区服务综合体。设计以“同一片森林中”为主题，希望打造一处有凝聚力的社区空间，吸引当地的居民在此活动。

设计着重于花市内外和书房内外的联系，从书房向外望去，人们能够看见街边地行道树以及头顶的天窗。临近街边的部分设有大面积的玻璃窗，一方面保证了采光，另一方面也让在室内的人有更好的视野去观赏外面的景色，在看书之余，缓解身心疲惫的状态。

结构上，支撑结构由屋顶、柱子、墙和部分斜撑组成。屋顶部分由四个不同单元组成，每一个单元又分为 3 米 ×3 米的九个小方格，我对方格中非边缘的角点进行拉伸、抬高和降低，从而形成屋顶单元的形态，并对其进行排列组合。边缘位置的参差自然形成一些缝隙，成为一个个透光的天窗。

流线上，空间流线的自由为人群提供了更加多样的行走路线。一层是花市部分，可以看到两侧售卖花朵的货架；一二层夹层是比较灵活的长廊和多功能厅，其间有错层，从而形成多样化的视觉效果；二层是从多功能厅之内的楼梯通向阅览层的入口，从入口处可以轻松到达旁边的消防楼梯和卫生间，方便快捷。

功能上，书房和多功能厅提供了青年文化交流、读书会、作家访谈会、小型书展、文创收集等活动的场地。展览展区（内部咖啡厅）→多功能厅→阅览室，这是一条递进的流线，也是从功能上由开放向私人化的递进。入口处开阔、松散，弱化了边界，让人走到这个街角之后，不知不觉中就已经走进了这座建筑。方案重视人与人之间的交流，通过交流形成意识形态上的共通性。多功能厅会不定期播放老电影、进行赛事转播、举办读书会，活动丰富多彩。

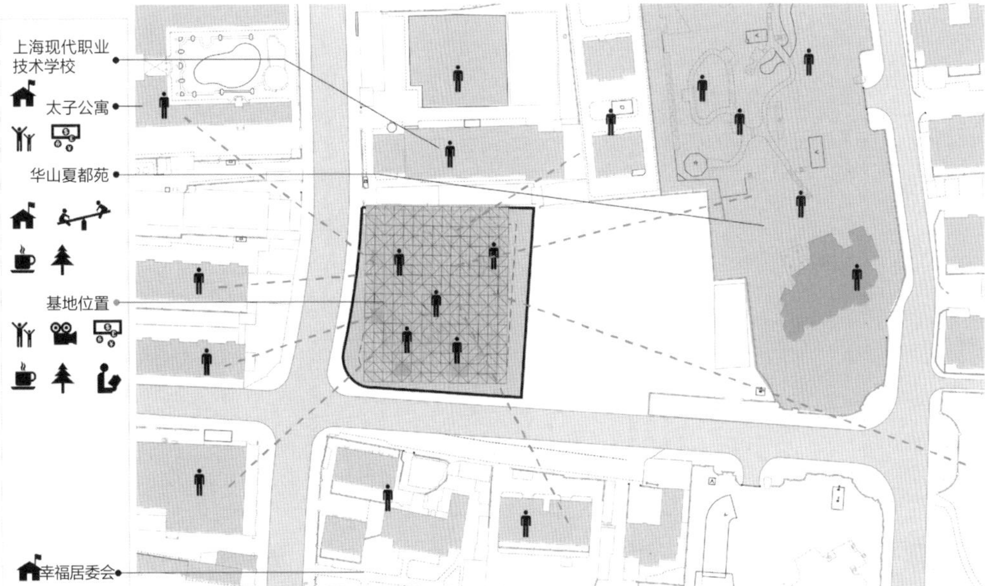

场地周边环境分析

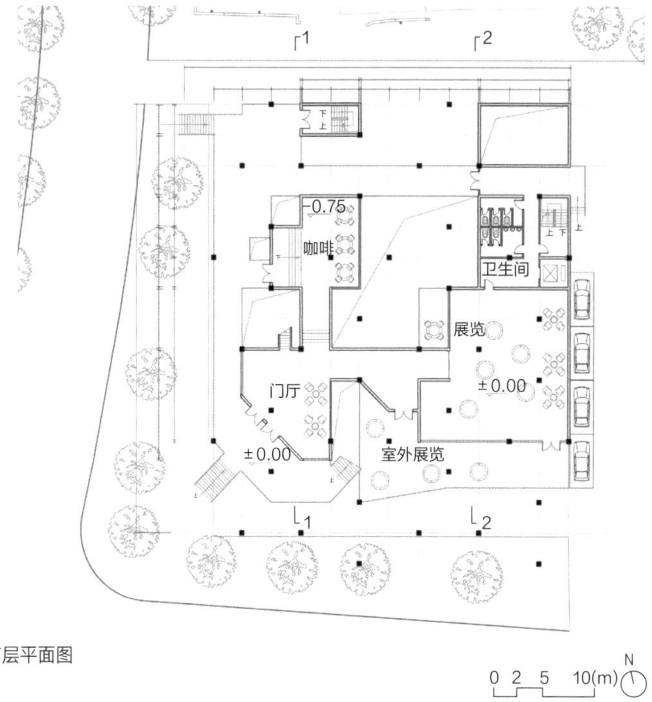

首层平面图

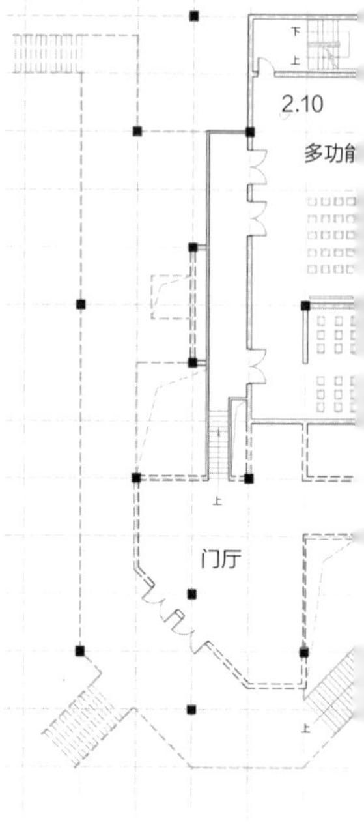

夹层平面图

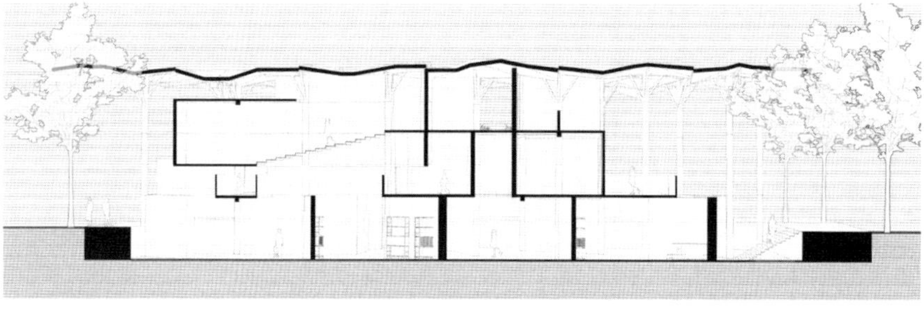

1-1 剖面图

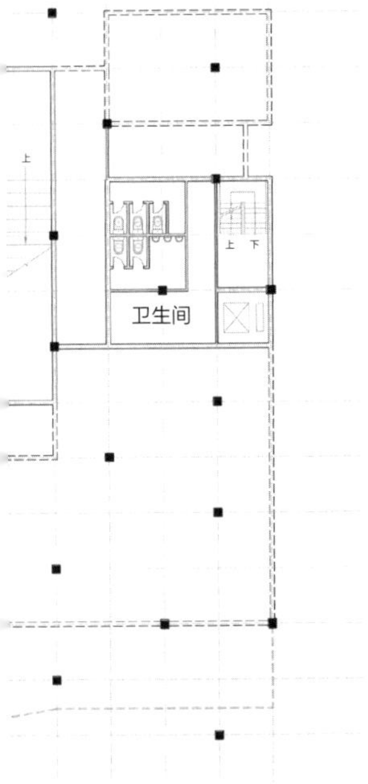

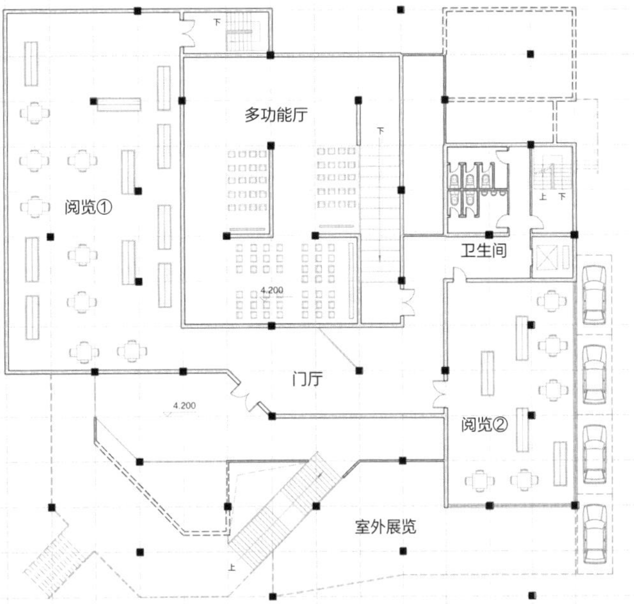

二层平面图

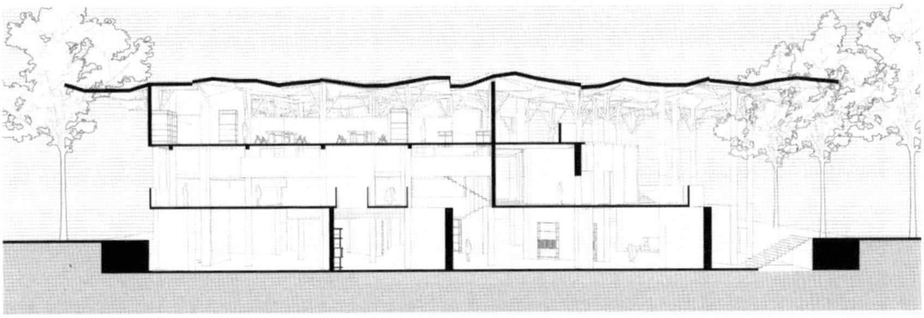

2-2 剖面图

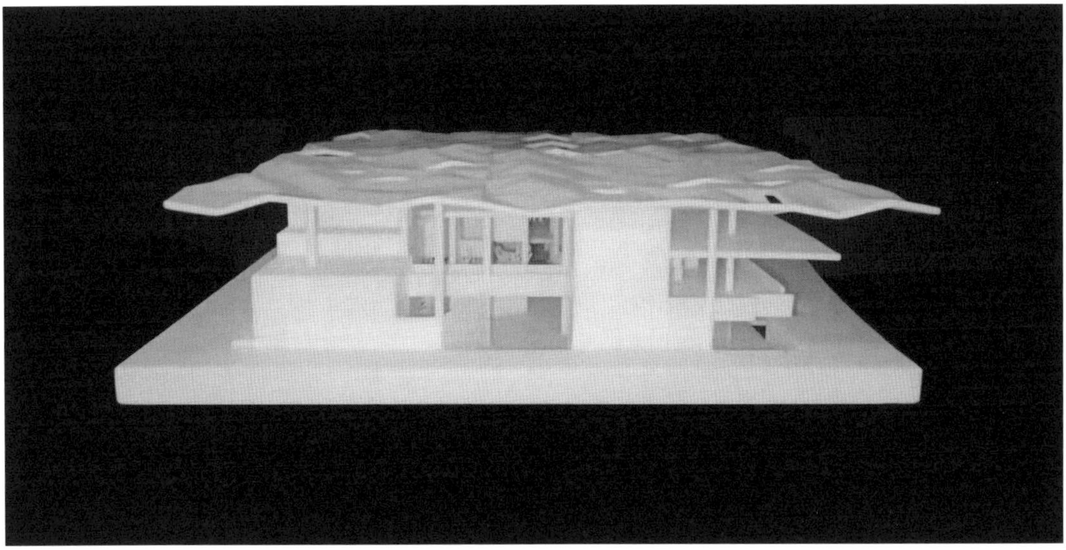

教师评语

从观察公共绿地里的活动开始，可欣同学把关注点聚焦到了社区里的集中式公共空间及其在邻里社交中发挥的作用，结合花市开放式格局可能呈现的状态，构想创建一块被顶棚覆盖的大型社区活动场地。设计力求实现绝对的开放，在街道界面没有任何墙体隔断视线，包括玻璃幕墙在内，目的是将地块完全归入城市公共空间系统。花市下沉至半地下标高，使往来于人行道上的人可以从俯瞰的视角感受花市中人们的活动状态。花市在平面布局上执行流动性和开放性原则。一层（街道标高以上半层）完全留给社区使用，布置了活动兼容度较高的功能，几个挑空空间把视线连接到上下层。二层的社区书房被包裹在通透的玻璃盒子里，平视可见行道树的树冠。巨构顶棚由伞骨状的斜撑支起，人们可感受到结构的轻巧以及对近人尺度的照顾。可欣同学的设计突破了在该类型建筑中对空间领域的常规理解，工作中的探索精神很值得肯定。

遇见

学生 / 李传伟
导师 / 何孟佳

设计简介

基地所处的番禺路以及周边街道社区多为线性空间,流线过长,而且住宅密度大,街道狭小。居民和行人难有停留的机会，也缺乏相互碰面和交流的契机，即使是邻里之间，遇到了也只是打个招呼，没有合适的空间供大家坐下来聊天。为数不多的座椅布置在交通繁杂的人行道上，人多时无法坐得安稳。久而久之，居民之间的关系会越来越生疏，街道的活力也会逐步下降。针对目前基地的现状，希望建筑能为当地居民和行人提供一个相互遇见、停留歇息、增进交流的场所，在不经意的遇见之间，在合适的交流环境下，密切邻里的关系，提高街道的活力。

在形体上，方案通过体块的分离扭转，创造不同大小、不同形状的缝隙空间。一层主要用作小的出入口吸引过往的人流；二层则用作停留休息的空间供人放松交流，外围通过柱廊限定的灰空间来沟通建筑内外。阅览室的屋顶则根据下部的空间划分、裂开并抬升，呼应周围的建筑肌理和尺度。功能上，设计将公共性较强的公共空间和活动性较强的花市布置在一层和二层，活动性较弱的阅览室则安排在三层，通过中庭的大台阶和小楼梯来联系各层，减弱不同功能之间的隔阂，让花市的使用者和阅览室的使用者能够互相遇见，人们的身份也能随时在二者之间切换。

我设定了两种遇见的形式：一种是在行走的过程中，在某一个入口或者某一处停留的小空间不经意地遇见；另一种是阅览室的人能够观察到花市中人的活动，选择在一个合适的场合“守株待兔”般地遇见。

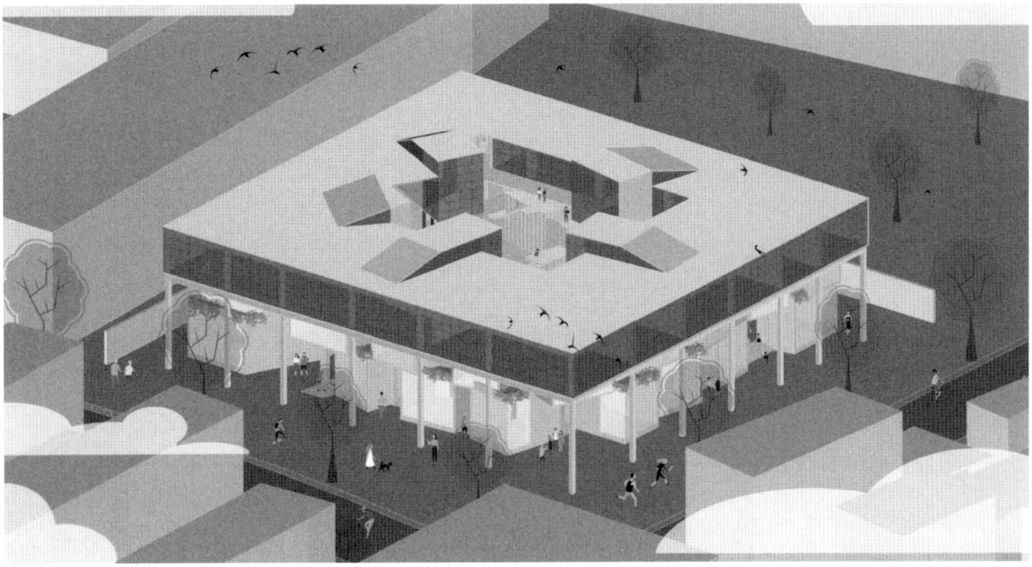

番
禺
路
牛
桥
浜
路
①咖啡厅
②多功能厅
③后勤用房
④接待咨询
⑤书库
⑥临展空间
⑦茶室
⑧花卉市场
⑨车位
0 2 5 10(m)
N

首层平面图

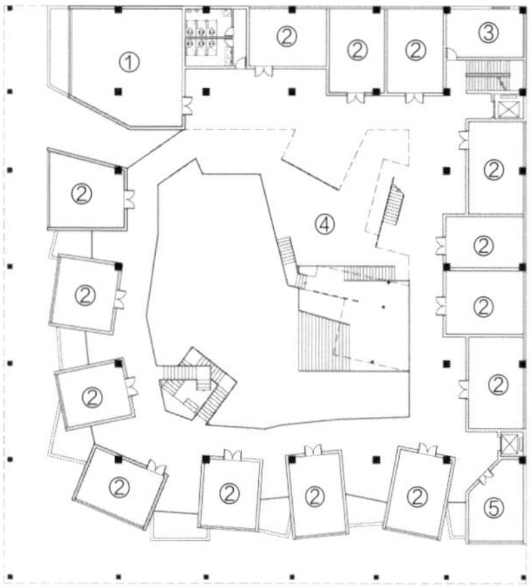

①花艺教室
②花卉市场
③后勤用房
④室外展场
⑤储藏室

二层平面图

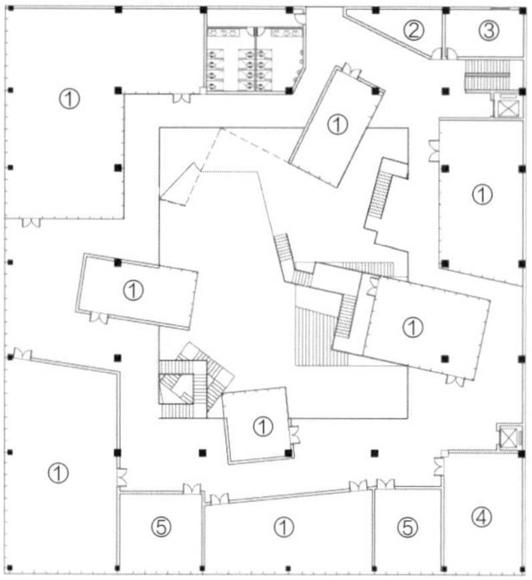

①阅览室
②储藏间
③后勤用房
④会议室
⑤研讨室

三层平面图

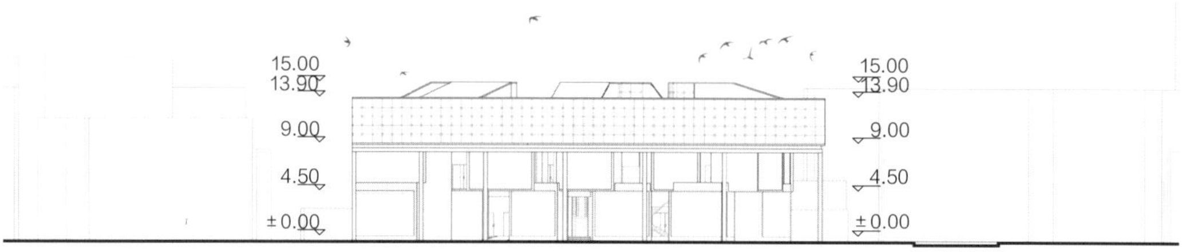

西立面图

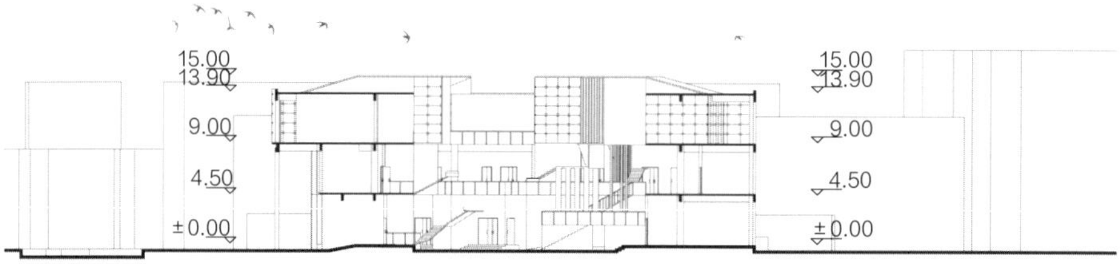

1-1 剖面图

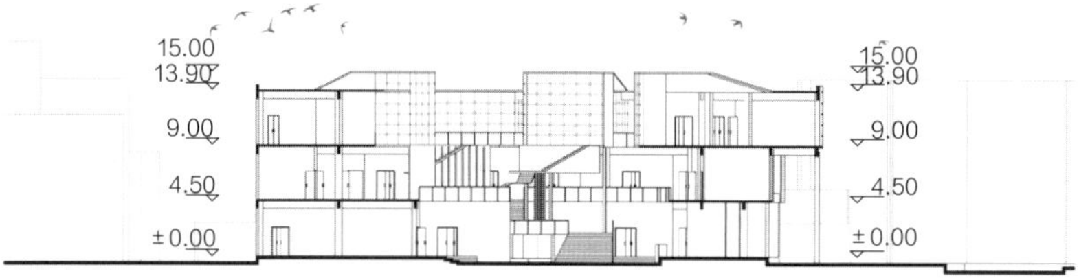

2-2 剖面图

教师评语

自始至终，传伟同学都将促进社区人群的交往活动作为设计目标。比较适合场地的角色是营造一处以花市和社区阅览室为背景的日常生活的第三空间，它应具有开放性、共享性、认同性等特征。建筑采用整体围合式布局，在内部形成一个最大化的院落。一二层为花市，三层覆盖社区阅览室。首层设有多处开口，街道上的人流从各个方向进入建筑内部并汇集到内院，沿景观楼梯逐级爬升到达各功能房间。花市被拆解为单个铺面大小的单元并相互分离，错落地嵌入到内院周围。单元之间的空隙既可用作小花店外溢的展示区,也为内院引入侧向采光。人们感受内院的氛围，如同置身于一个环绕的社区市集。在这个熟悉而陌生的场景里，邻里们在内院周围的共享平台参与日常社交活动，他们自身也成了场景的一部分。邻里的遇见是个偶然性事件，传伟同学通过集中组织功能、流线、空间和活动，强化“汇聚”的概念从而提升遇见的概率。略微遗憾的是设计对社区阅览室部分的探讨和挖掘还有不足。

定海青年之家

5

王惟捷

课题介绍

定海青年之家是一项针对建筑学本科三年级学生的建筑设计课题，旨在引导学生树立城市环境意识，尊重场所文化和历史文脉。课题要求学生在原英商怡和啤酒厂旧址上设计一座多功能的社区公共建筑，同时考虑与周边环境和历史建筑的和谐融合。设计任务包括青年旅舍、社区共享空间等，总面积控制在 2000 至 2500 平方米之间。教学过程涵盖场地分析、功能研究、设计表达等多个环节，最终目标是实现建筑与城市人文环境的有机结合。

基地介绍

基地位于上海市杨浦区定海路和定海港路的交界处。随着 20 世纪杨浦滨江利用其地理位置和水运优势将工业发展起来，靠近滨江的定海路一带逐渐成为工人的聚居地。为了满足日益增加的居住需求，居民们进行了自主加建，使得这里的住宅风貌呈现出较为杂乱的形态。而 1990 年代以后，杨浦区产业转型，工人大量出走，来沪打工的租户不断涌入，使定海社区的人口结构变得复杂起来。

基地为英商怡和啤酒厂旧址。怡和啤酒厂于 1936 年建成，1953 年英商将其售与华光工业公司。从 1990 年代至今，啤酒厂投资商数度更迭，公司名也经过几次变更，目前已经停产，但啤酒厂宛如城堡一般的建筑依然矗立在场地当中。

周次	时间	课程内容	形式
1	2020/9/14	课题宣讲，分组	大组讨论
	2020/9/17	组内自我介绍，布置作业二（A/B/C），参观微流青年旅社	个人作业
2	2020/9/21	参观基地，交作业二，布置作业一	个人作业
	2020/9/24	讲解模型制作要点，交作业一，布置作业三	个人作业
3	2020/9/28	交作业三，提出整体设计概念、城市关系设计	个人作业
	2020/10/1	国庆假期	——
4	2020/10/5		
	2020/10/10	交作业一，建筑设计	大组评图
5	2020/10/12	城市关系与建筑设计	个人作业
	2020/10/15	城市关系与建筑设计	个人作业
6	2020/10/19	确定城市关系与建筑设计，提出立面与材料概念	个人作业
	2020/10/22	确定立面与材料，提出室内氛围概念	个人作业
7	2020/10/26	确定室内氛围	个人作业
	2020/10/29	综合评估，图纸表达	个人作业
8	2020/11/2	图纸及模型表达	个人作业
	2020/11/5	图纸及模型表达	个人作业
9	2020/11/9	终期评图	大组评图

栖身之所

学生 / 刘添欣
导师 / 王惟捷

设计简介

定海桥社区曾经是杨树浦地区一处重要的工业社区，威严高耸、设计精良的工业厂房，与低矮丛生、搭搭放放的棚户住宅在这里共生，共同记录着人口流动与历史变迁。站在原英商怡和啤酒厂旧址的露台上向下俯瞰，一片片红色机平瓦与蓝色彩钢板屋顶，诉说着生活者的奋斗与梦想。

青年旅社鼓励青年人在有限的条件下发掘和欣赏世界各地的城市和乡村的文化价值。在体量控制上，基地位于定海路和定海港路交叉口，由于北侧原英商怡和啤酒厂厂房体量较大，因此我考虑在面向道路交叉口处的退台设置露台，削减建筑体量的同时能够增加观景区域。在功能和流线组织方面，从对场地交通与功能组织方式的分析出发，场地中不同规模的住宅环绕公共机构，形成了环形流线。在功能分区上，建筑主要被划分为居住功能、公共功能、交通功能三部分，方案以不同的围合方式限定各功能区的边界。在平面排布上，一层为公共功能和服务大厅，在西侧和南侧分别面向定海路和定海港路设置入口；二层、三层承担住宿功能，居住单元分为四人间、六人间、八人间——其中四人间设置独立卫浴，六人间与八人间使用公共盥洗室——呈 U 形环绕公共与交通功能区域。建筑外壳的完整与内部功能区域的单元化形成对比，这种矛盾与融合，既是对栖身于定海桥社区的人们生活方式的诠释，也是希望来到定海青年之家的旅人能够获得的体验。

0 10 25 50(m)
N

总平面图

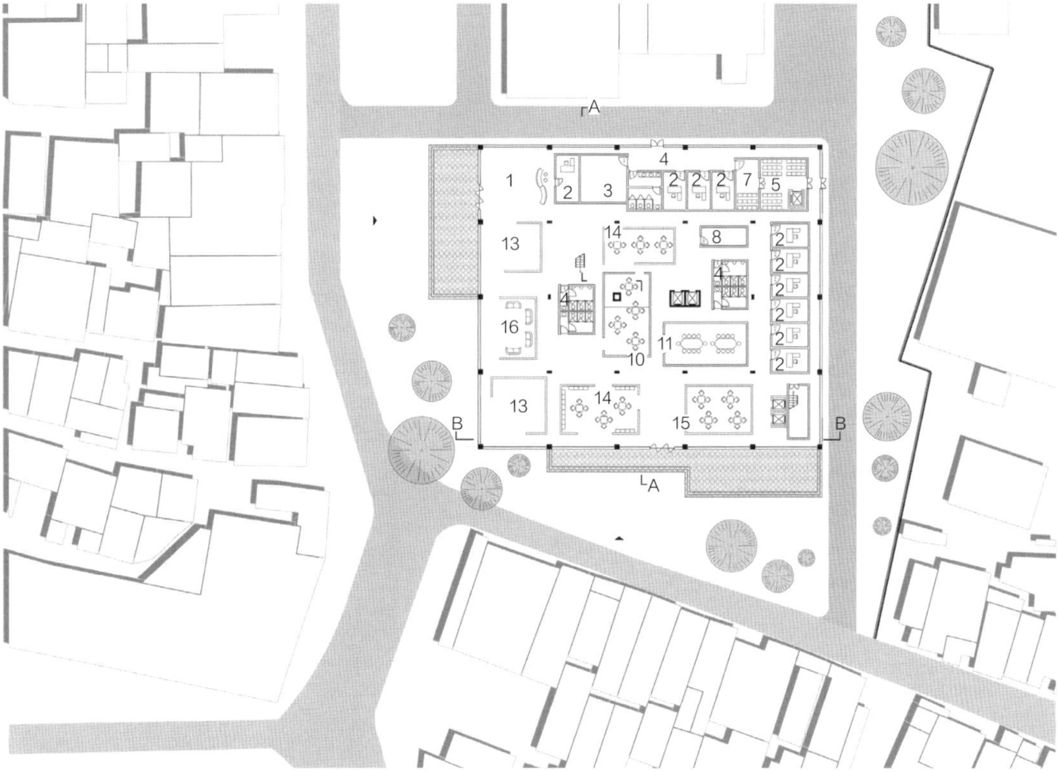
A
1
2
3
4
2
2
2
7
5
13
14
8
2
2
4
2
4
2
16
10
11
2
2
13
14
15
B
B
A
0 2 5 10(m)
N

首层平面图

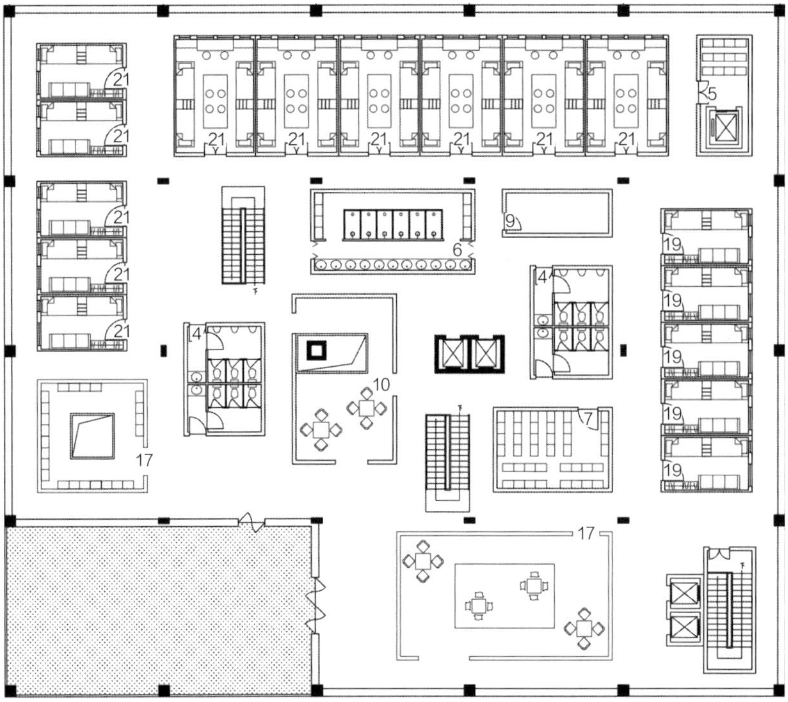

三层平面图

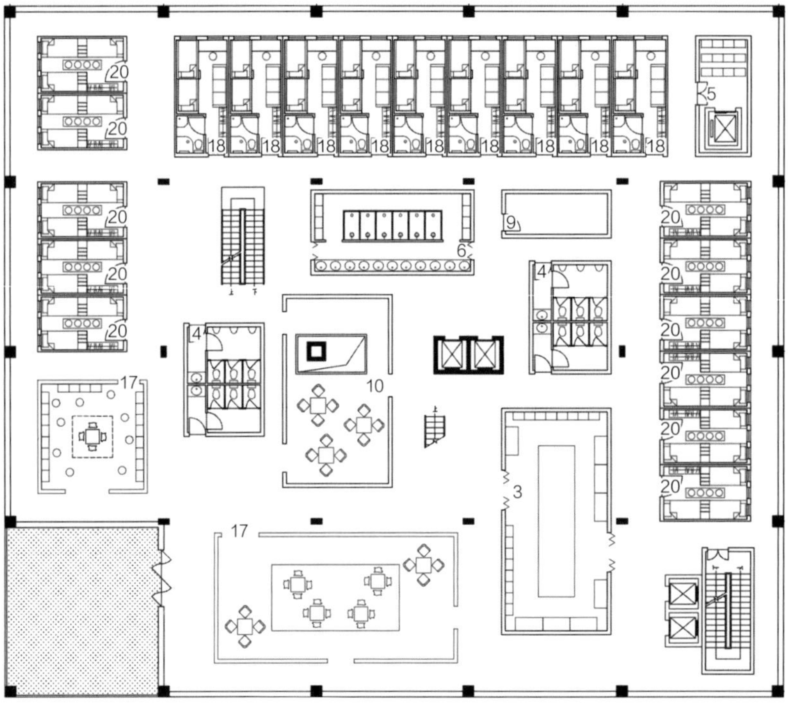

二层平面图

1 大堂
2 办公室
3 厨房
4 卫生间
5 布草间
6 浴室
7 储藏室
8 消毒室
9 洗衣房
10 咖啡茶饮区
11 多功能室
12 用餐区
13 展览区
14 阅览区
15 棋牌区
16 休憩区
17 活动区
18 二人间
19 四人间
20 六人间
21 八人间

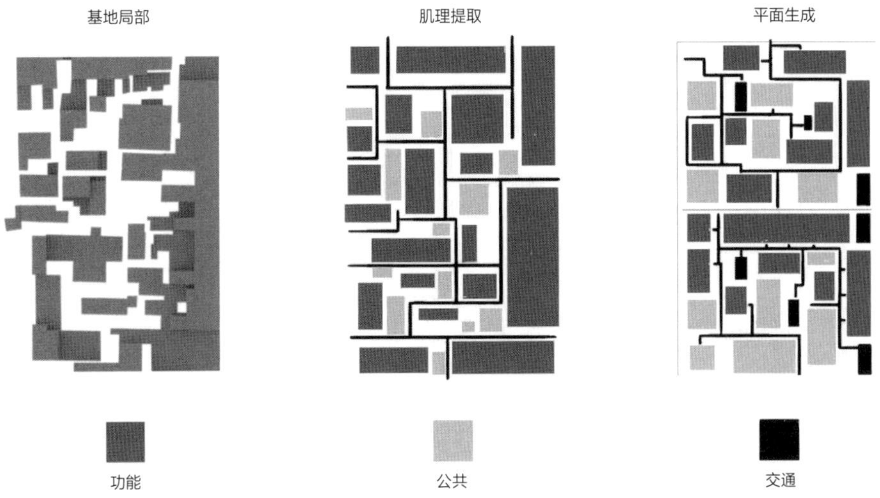
基地局部
肌理提取
平面生成
功能
公共
交通

东南立面图

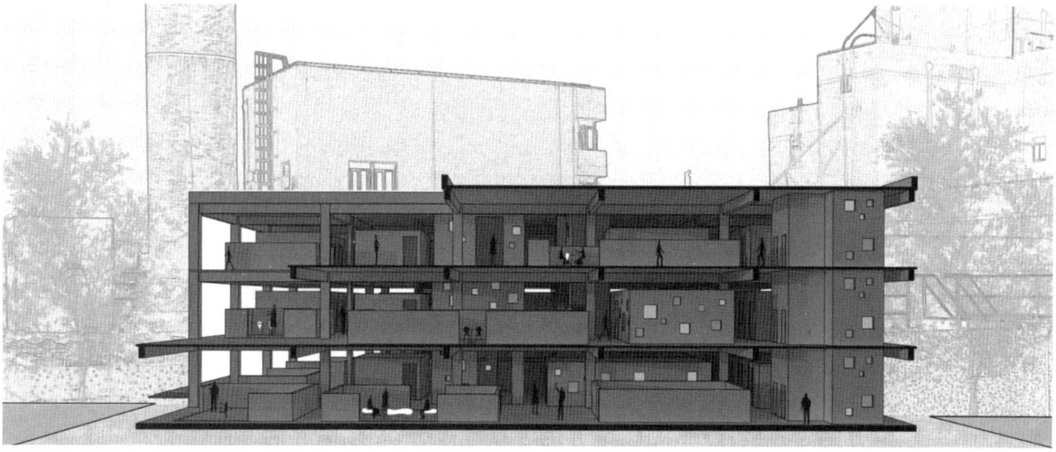

剖透视图

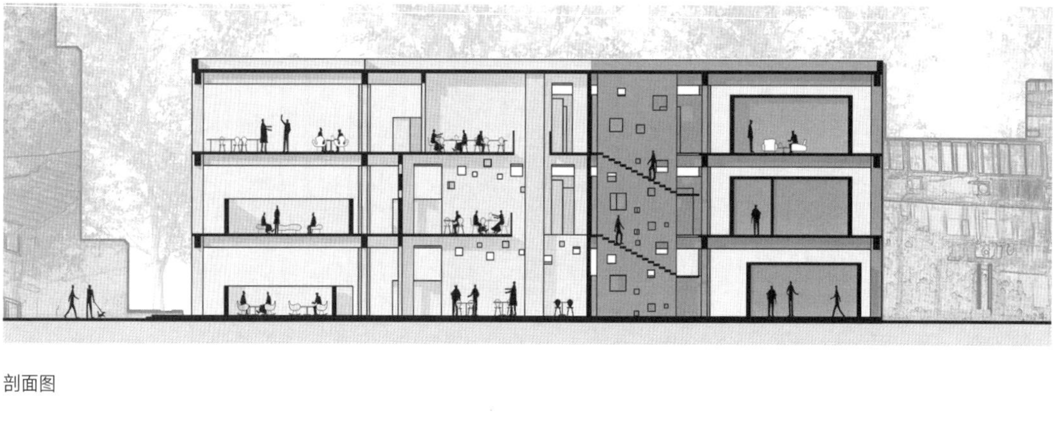

剖面图

教师评语

刘添欣同学的定海青年之家设计提取了基地内部的混合功能和街巷贯通的原始肌理，并将街区的原始肌理进一步融入建筑内部，松散有趣的内部建筑布局非常适合青年之家的使用场景。建筑体量采用了和周围老啤酒厂类似的退台形式，加强了区域街道界面的连续性。

共居

学生 / 过欣怡
导师 / 王惟捷

设计简介

定海桥社区位于上海市杨浦区，靠近杨浦滨江带，在 20 世纪依靠工业发展起来，这里曾经主要是工人的聚居地。由于杨浦区产业转型、上海经济飞速发展等原因，定海桥社区的人口结构发生了变动，劳工大量迁出，而来沪打工的租户不断涌入，使定海路一带成为不同背景住户的聚居区。

定海桥社区拥有里弄建筑、工业遗产等兼具旅游价值和学术价值的重要资源，配合杨浦滨江带的陆续开发，能够吸引年轻人在此驻留。同时，社区目前缺少居民活动的公共空间。因此，本设计除了青年旅馆功能外，还设置了社区中心，通过功能的复合连接社区与年轻群体，激活和展示定海桥社区独特的城市文化。

基地位于定海路与定海港路的交会处，同时位于原啤酒厂园区内，靠近历史建筑——英商怡和啤酒厂。设计不仅希望能为年轻人提供驻留之所，弥补社区公益性公共室内空间的不足，也希望能够回应历史建筑，讲述过去的故事。

基于社区中心的公共性和青年旅馆的私密性，设计将两者分为两个不同的体块：社区中心作为公共空间面向城市街道，呈线性，采用钢结构和大面积的玻璃，体现社区中心的轻盈、开放和现代；青年旅馆作为住宿空间退居其后，置于相对较高的位置，采用混凝土结构，较为敦实的体量与宛如“城堡”的啤酒厂历史建筑形成呼应，一层立面红砖材料的应用与整个场地的历史感形成呼应，而采用亮黄色涂料的立面则体现出青年旅馆的年轻感，点亮场地。两个体块在交界处呈咬合状，既是社区中心的入口，也是青年旅馆的入口，开放的公共空间是社区居民和年轻群体必然产生交流之处。两个体块围合形成内部的 U 形广场，与历史建筑产生对话，这一室外空间也可以成为历史建筑的观景点。

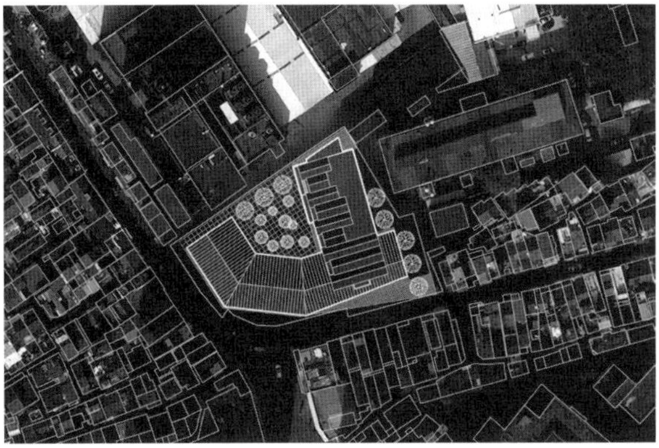

总平面图

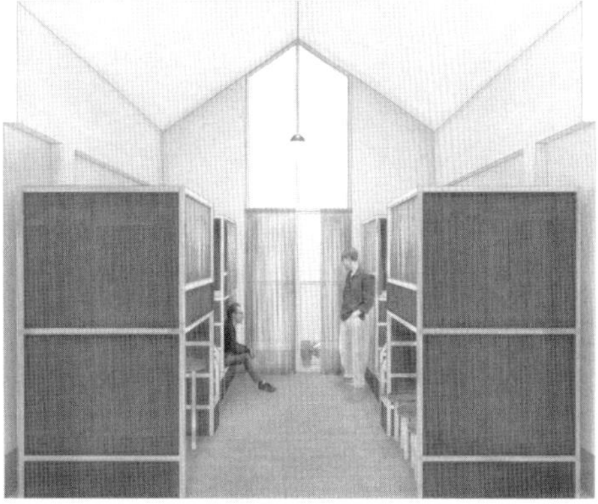

室内透视图

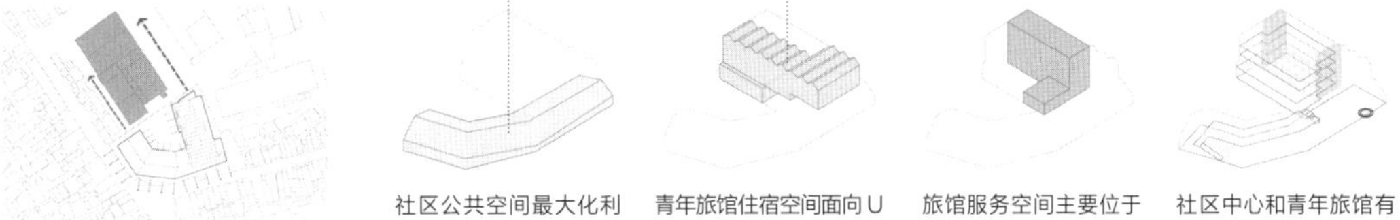

社区公共空间最大化利用城市街道，形成界面和线性空间。

青年旅馆住宿空间面向U形广场。相对厚重的体量与“城堡”式的历史建筑产生对话。起伏的坡屋顶回应场地中占比较高的坡屋顶建筑，并在一定程度上削弱建筑的体积感。

旅馆服务空间主要位于建筑背面。

社区中心和青年旅馆有各自的流线，同时在建筑入口处产生交汇。

透视分析图

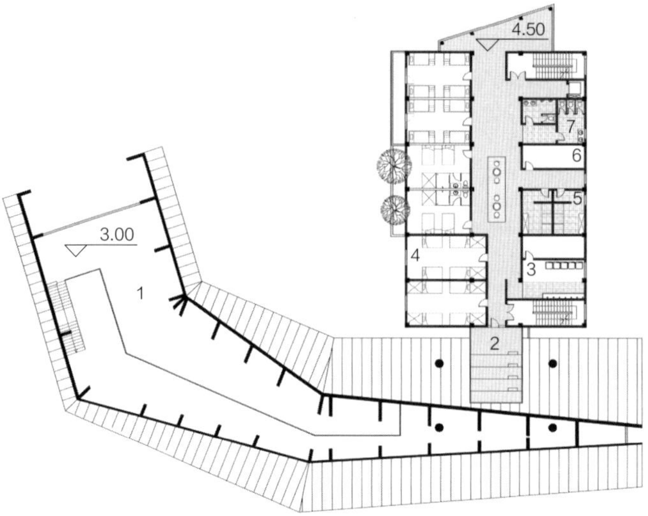

1 展览区
2 室外活动区
3 客房
4 盥洗室
5 浴室
6 储藏间
7 卫生间

二层平面图

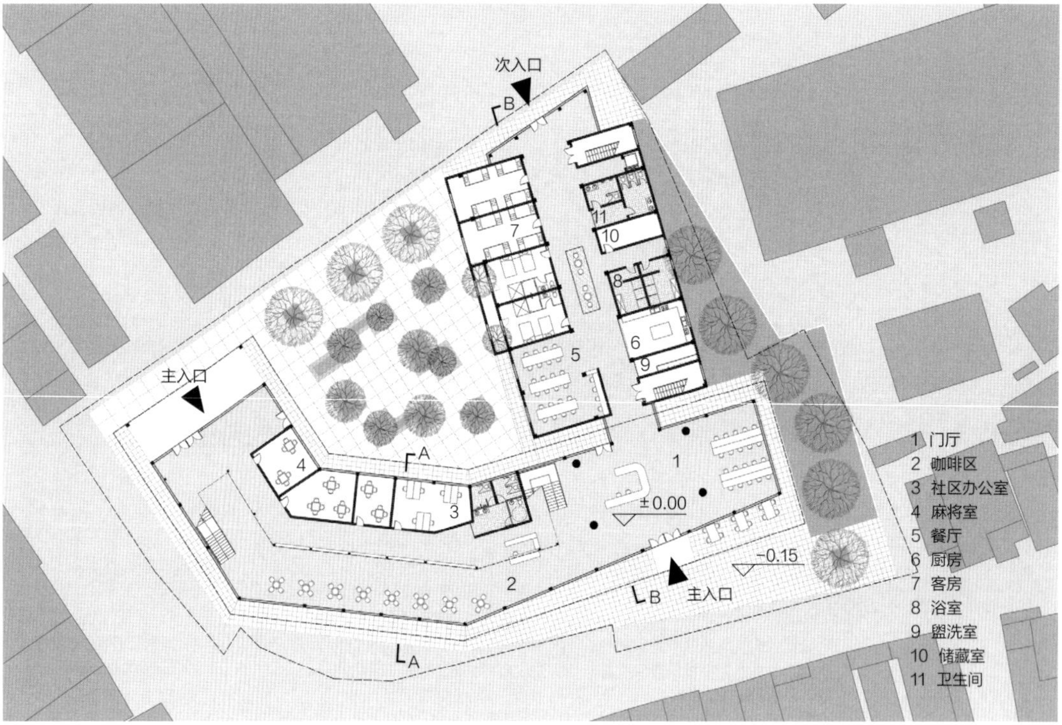

1 门厅
2 咖啡区
3 社区办公室
4 麻将室
5 餐厅
6 厨房
7 客房
8 浴室
9 盥洗室
10 储藏室
11 卫生间

0 4 10 20(m) N

一层平面图

东南立面图

A-A 剖面图

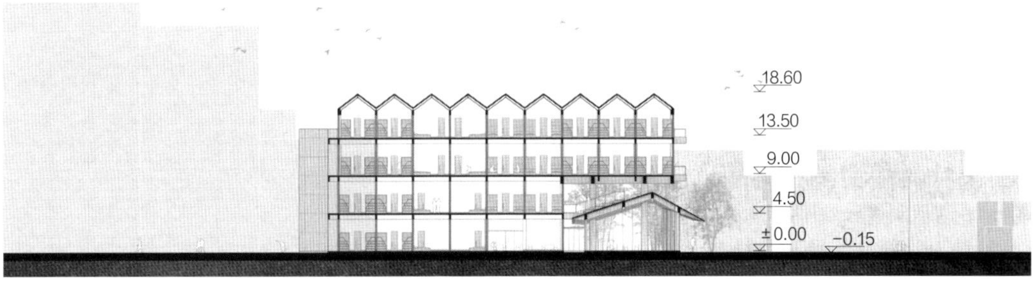

B-B 剖面图

教师评语

过欣怡同学的定海青年之家设计在整体布局上充分考虑了复杂历史街区的城市肌理。沿街连续的线性公共空间，丰富了传统街道式公共空间的使用范式。集中设置的青年旅馆住宿空间体量错落，与场地内的历史建筑形成呼应。内部功能布局清晰合理，立面设计及材料选用与历史环境协调融合。

瑞康里青年公寓设计

6

王彦

课题介绍

课题旨在引导学生思考建筑与城市环境的关系，思考居住活动中人与人的空间关系，学习小型居住类建筑设计。

学生需要在充分利用城市环境资源的基础上，提出与场地相适应的空间形态，营造适宜的人居氛围。具体设计内容和要求如下：

（1）根据场地周边环境，选择建筑空间布局形态，回应不同城市界面。

（2）合理选择公共区域功能，分配城市资源，确立相应的空间策略。

（3）切身考虑人居需求，重视人体尺度，探讨适宜的居住空间。

基地介绍

瑞康里（现名瑞康小区）位于虹口区中部，属于社区整体开发项目中音乐谷主题式街区“历史风貌居住社区”板块。区内俞泾浦、沙泾港交汇，形成了上海市区最为独特的滨水社区形态。同时，板块包含“老洋行1913”、半岛湾时尚文化创意产业园、SNH48 星梦剧院（原嘉兴影剧院）等虹口文化创意产业重点项目。瑞康里南侧三角地块拟建设一所人才公寓供青年白领长租使用。

周次	时间	课程内容	形式
1	2021/9/6	任务书解读，场地调研，制作大基地模型 1/500	大组讨论
	2021/9/9	确立总体布局形态，探讨公共空间概念	个人作业
2	2021/9/13	总平面图 1/500，建筑体块模型 1/500，空间意向	个人作业
	2021/9/16	确定公区与房间平面，选择公区以及房间透视角度	个人作业
3	2021/9/20	总平面图 1/500，各层平面图 1/100，客房平面图 1/50	个人作业
	2021/9/23	明确建造结构	个人作业
4	2021/9/27	各层平面、立面、剖面图 1/100，客房平面图 1/50	个人作业
	2021/9/30	准备中期汇报：总体模型，总平面图，各层平面、剖面图，客房平面图，透视图	个人作业
5	2021/10/11	中期汇报	大组评图
	2021/10/14	建筑内外透视图，构造设计	个人作业
6	2021/10/18	剖面、立面构造设计 1/20	个人作业
	2021/10/21	建筑设计深化调整	个人作业
7	2021/10/25	建筑设计深化调整	个人作业
	2021/10/28	完成设计成果	个人作业
8	2021/11/1	终期评图	大组评图

透 · 院

学生 / 刘彦君
导师 / 王彦

设计简介

整栋建筑位于虹口区“历史风貌居住社区”板块，从城市立面的完整性考虑应该保留比较完整连续的状态。所以我首先选择了外部比较完整的围合状态，将建筑依照基地形状分为三个部分。东北侧的 L 形区域是居住空间，南侧的斜边作为公共空间。对于采光和日照要求，将南侧公共空间的体块高度降低，以保证居住空间有充足的南向采光。整个公共空间采用落地玻璃窗和折叠玻璃门，从而使外侧的行人能通过完整的玻璃界面看到公共空间和院子内茂密的植被，同时树木的遮挡也保证了居住空间的私密性。居住部分通过计算日照间距降低楼层数，也为北面的里弄住宅留出足够的光照，形成一个有虚有实、依次向上攀升的体量关系。

公共空间：公寓的公共空间除了供住户休闲以外，还可以对外开放和营业。因为建筑主要面向的人群是青年，所以功能设置比较契合年轻人娱乐交友的生活方式，靠近居民楼一侧主要布置相对安静的书吧、咖啡厅以及桌游空间，另一侧布置相对热闹的餐厅和一个小酒吧。中间是一个中岛式的厨房，延伸出两侧的吧台区域。公共空间外面的木地板和室外庭院成为延伸空间，形成一个整体通透的室外活动空间。

户型设计：房间内部分为厨卫和起居两个大的部分，中间有移门隔开。这个户型的最大特点是在外阳台的基础上，又把室外空间向外扩展了 1.5 米，并且阳台门也采用了大面积的折叠玻璃移门。这样就在室外形成了一个 3 米进深的小内院，内院的外面就是大的庭院。设计在内外院的隔墙上开了大小各异的洞口，形成一些小的置物台面。洞口外种了篱笆，来进行一些视线和动线上的遮挡，在保证私密性的同时，可以让住户在自己公寓的室内看到内院，又可以通过隔墙上的洞口看到外院的景观及正在开展的公共活动。

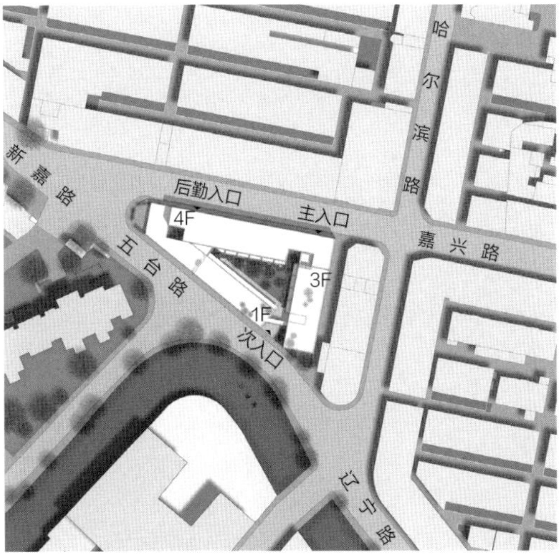

总平面图

0 5 10(m) N

一层平面图

0 2 5 10(m) N

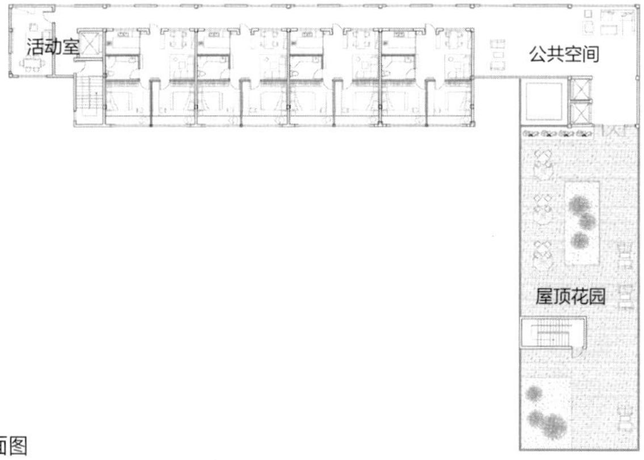

四层平面图

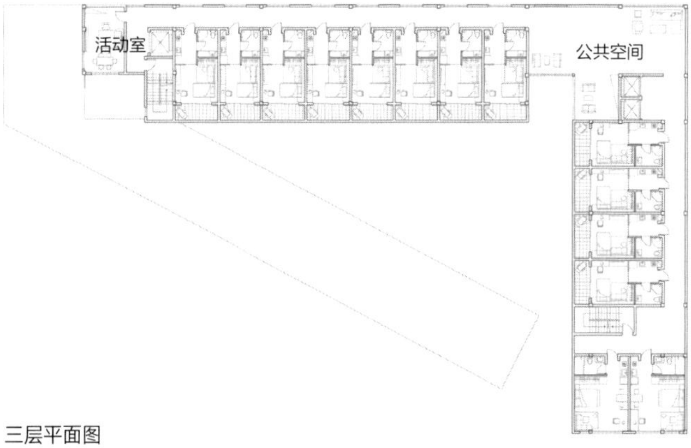

三层平面图

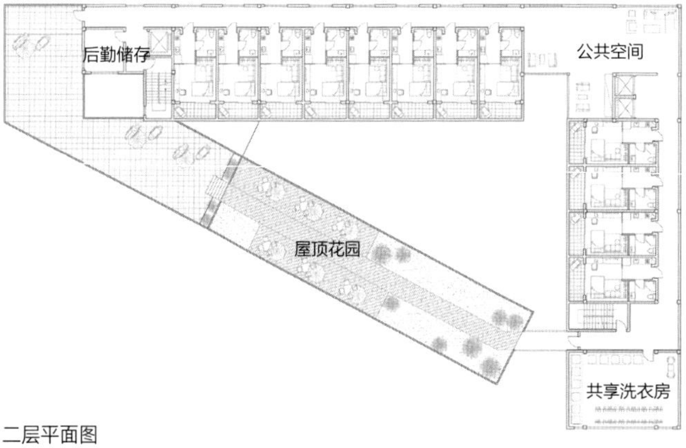

二层平面图

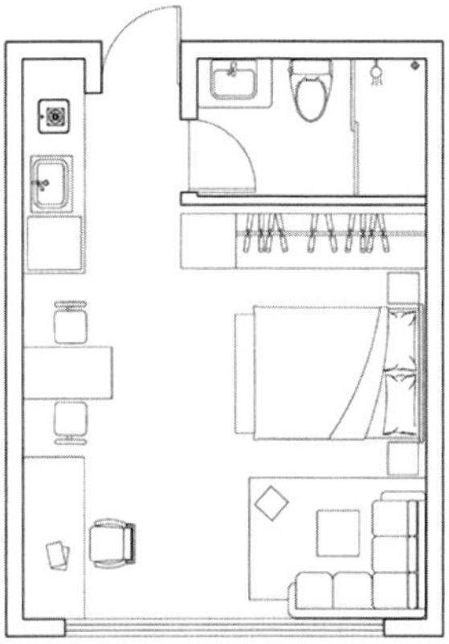

户型一

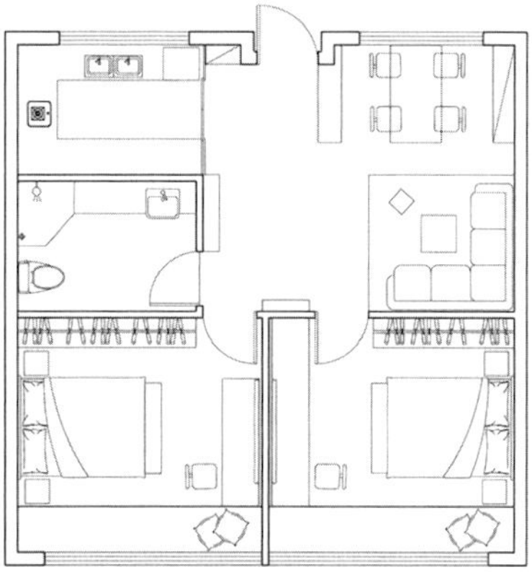

户型二

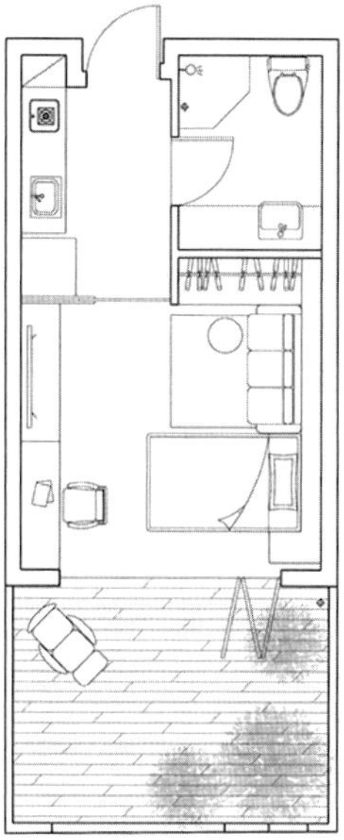

户型三

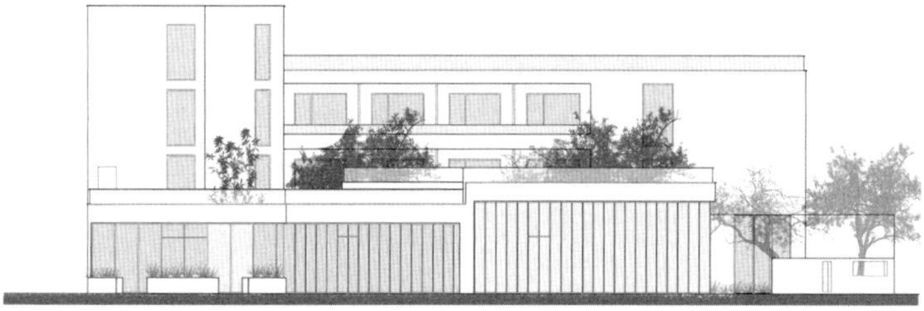

西立面图

南立面图

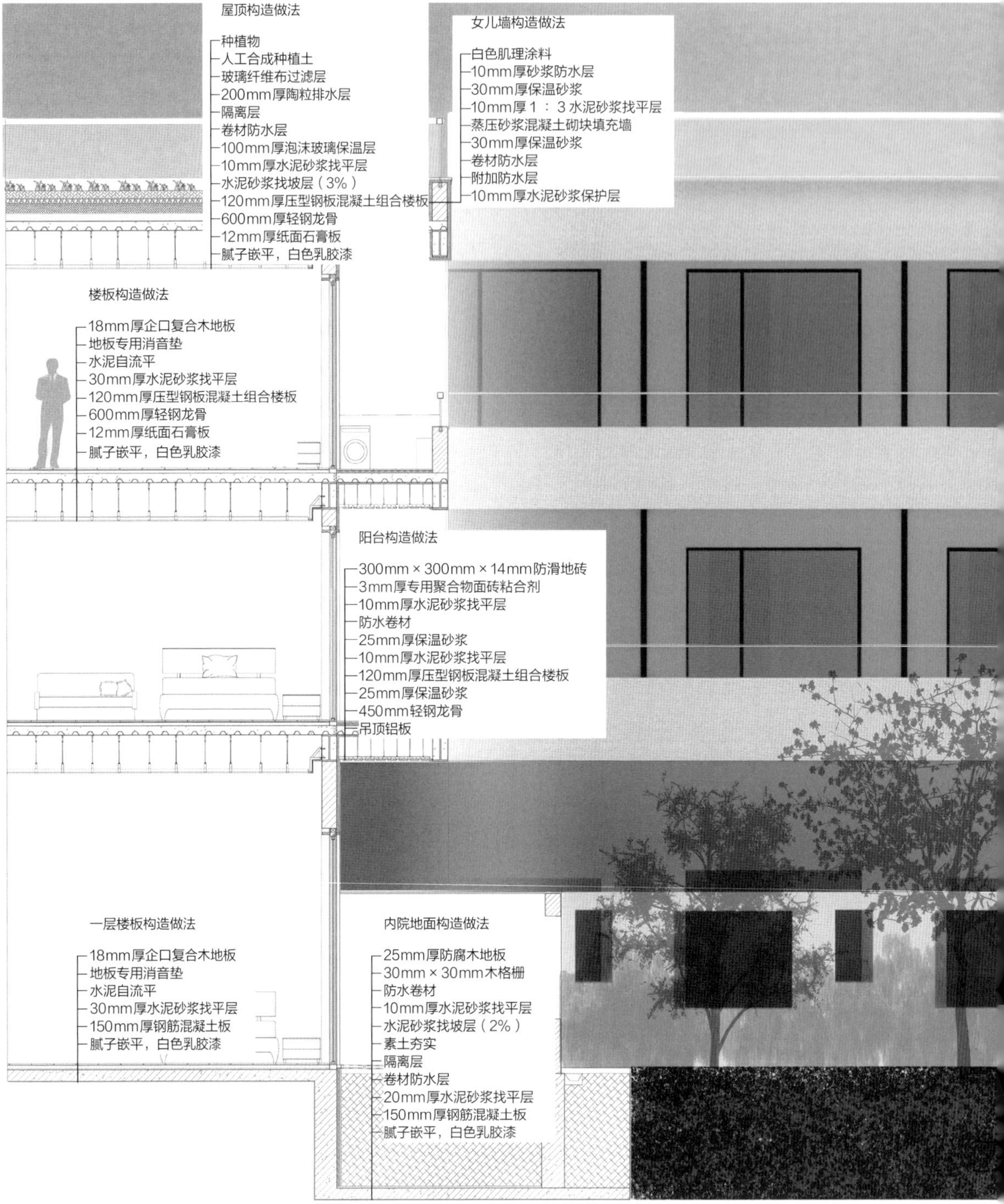
屋顶构造做法
种植物
人工合成种植土
玻璃纤维布过滤层
200mm厚陶粒排水层
隔离层
卷材防水层
100mm厚泡沫玻璃保温层
10mm厚水泥砂浆找平层
水泥砂浆找坡层（3%）
120mm厚压型钢板混凝土组合楼板
600mm厚轻钢龙骨
12mm厚纸面石膏板
腻子嵌平，白色乳胶漆
女儿墙构造做法
白色肌理涂料
10mm厚砂浆防水层
30mm厚保温砂浆
10mm厚 1 ： 3 水泥砂浆找平层
蒸压砂浆混凝土砌块填充墙
30mm厚保温砂浆
卷材防水层
附加防水层
10mm厚水泥砂浆保护层
楼板构造做法
18mm厚企口复合木地板
地板专用消音垫
水泥自流平
30mm厚水泥砂浆找平层
120mm厚压型钢板混凝土组合楼板
600mm厚轻钢龙骨
12mm厚纸面石膏板
腻子嵌平，白色乳胶漆
阳台构造做法
300mm × 300mm × 14mm防滑地砖
3mm厚专用聚合物面砖粘合剂
10mm厚水泥砂浆找平层
防水卷材
25mm厚保温砂浆
10mm厚水泥砂浆找平层
120mm厚压型钢板混凝土组合楼板
25mm厚保温砂浆
450mm轻钢龙骨
吊顶铝板
一层楼板构造做法
18mm厚企口复合木地板
地板专用消音垫
水泥自流平
30mm厚水泥砂浆找平层
150mm厚钢筋混凝土板
腻子嵌平，白色乳胶漆
内院地面构造做法
25mm厚防腐木地板
30mm × 30mm木格栅
防水卷材
10mm厚水泥砂浆找平层
水泥砂浆找坡层（2%）
素土夯实
隔离层
卷材防水层
20mm厚水泥砂浆找平层
150mm厚钢筋混凝土板
腻子嵌平，白色乳胶漆

剖立面图

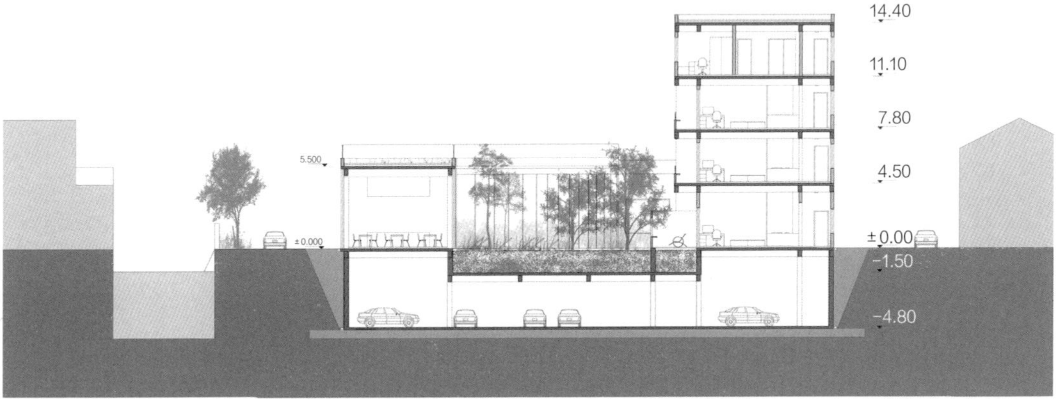

B-B 剖面图

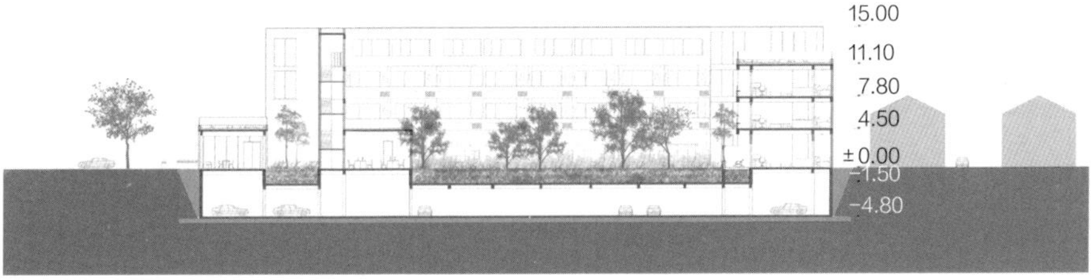

A-A 剖面图

教师评语

一个内向的共享庭院空间成为设计的核心灵魂，方案围绕着内庭院空间创造了一系列有趣的体验。有与咖啡空间的开放渗透，有与二层露台的视觉互动，甚至还有通过墙洞与一楼房间天井的好奇张望。一系列围绕着核心展开的空间，让公寓里的青年们拥有了邻里交往的宜人场所。

亲切与距离

学生 / 朱虹晔
导师 / 王彦

设计简介

在现代百米高楼的陌生聚居中，人与人之间的距离异常遥远，而基地旁的瑞康里传统里弄当中的烟火气令人感到亲切无比。设计希望通过对于距离的把握，打造一个既能促进青年之间亲密互动，又能提供宁静私密空间的公寓。

为了实现这一愿景，我将建筑体量拆解为单元式格局，建筑高两层、局部三层，与周边的石库门里弄体量相近,谦逊地融入街区环境。在首层,方案植入公共的商业或共享服务功能，旨在延续周边生活与商业混合的气氛，拉近与周边街区的距离。

拆解出的单元式建筑与其所形成的院落空间共同构成整个公寓，颇具社区感。从开放的城市街道到内部的院落和巷弄，再经由各个单元的门厅入户，这一过程中铺地的变化、植株的掩映、矮墙的遮蔽、光线的明暗交叠，都暗示了公共与私密的转变。

公寓房间多朝向内部庭院布置，与喧嚣的城市保持一定距离，闹中取静。庭院中的窗户使不同住户之间的亲切感得以提升，但又因植株的遮掩保证了人与人之间一定的距离感和私密感。

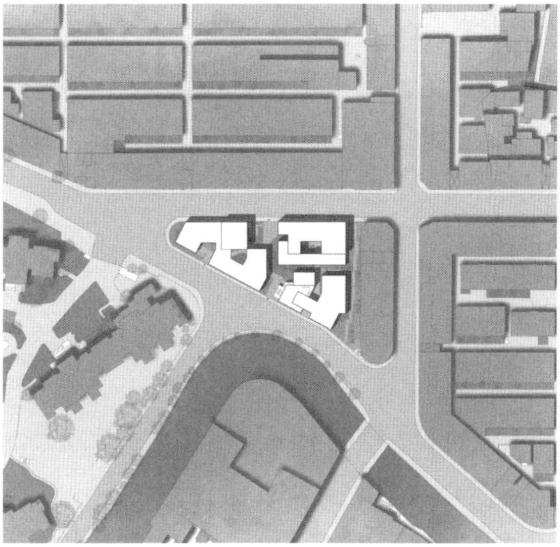

总平面图

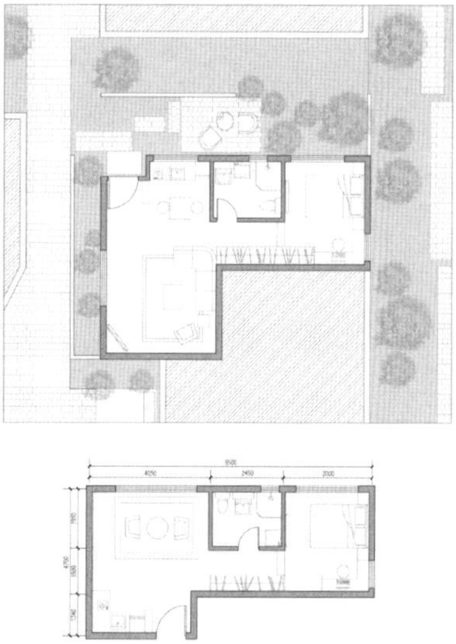

户型平面图

屋顶构造
10mm厚防滑地砖，防水砂浆勾缝
20mm厚聚合物砂浆卧铺
防水卷材
20mm厚1：3水泥砂浆找平层
轻集料混凝土找坡层（2%），最薄处20mm厚
60mm厚发泡聚苯板保温层
120mm厚现浇混凝土屋面板
cafe&bistro
MON-FRI 8:00-20:00
SAT&SUN 10:00-21:00
外墙构造
外墙涂料
弹性底涂、柔性耐水腻子
抗裂砂浆复合耐碱玻纤网格布一层
30mm厚发泡聚苯板保温层
200mm厚现浇钢筋混凝土墙
20mm厚1：1：4混合砂浆打底，
1：1：6混合砂浆抹面
腻子嵌平，白色乳胶漆一底二涂
地下构造
2：8灰土分层夯实
30mm厚挤塑板保护层
20mm厚掺外加剂防水砂浆
300mm厚现浇钢筋混凝土墙
20mm厚1：1：4混合砂浆打底，
1：1：6混合砂浆抹面
腻子嵌平，白色乳胶漆一底二涂

外墙构造
外墙涂料
弹性底涂、柔性耐水腻子
抗裂砂浆复合耐碱玻纤网格布一层
30mm厚发泡聚苯板保温层
200mm厚现浇钢筋混凝土墙
20mm厚1：1：4混合砂浆打底，
1：1：6混合砂浆抹面
腻子嵌平，白色乳胶漆一底二涂
楼面构造
3~4mm厚环氧树脂自流平涂料
40mm厚C25细石混凝土
环氧稀胶泥一道
120mm厚现浇钢筋混凝土楼板
400mm厚吊顶层
轻钢龙骨吊顶
15mm厚矿棉装饰吸声板
腻子嵌平，白色乳胶漆一底二涂

二层平面图

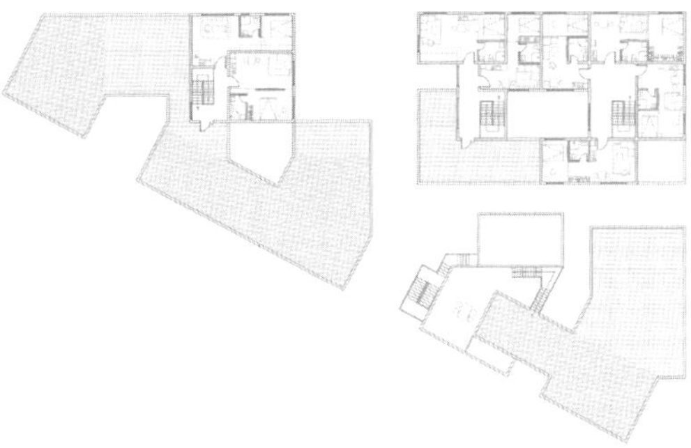

三层平面图

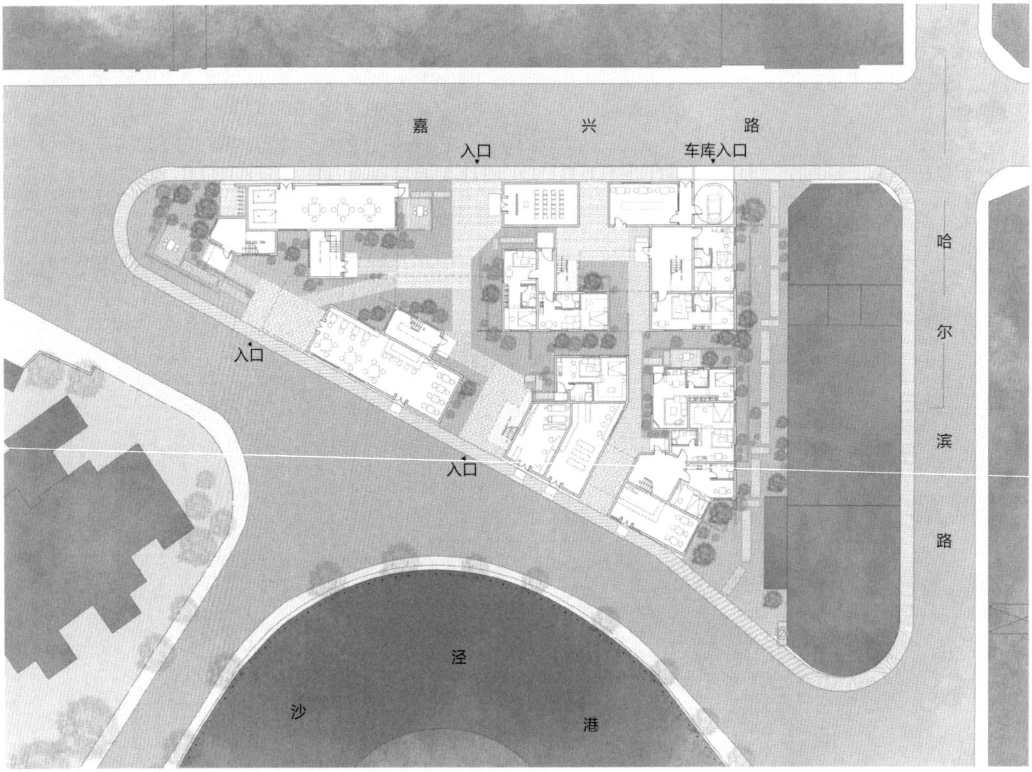

首层平面图

0 2 5 10(m) N

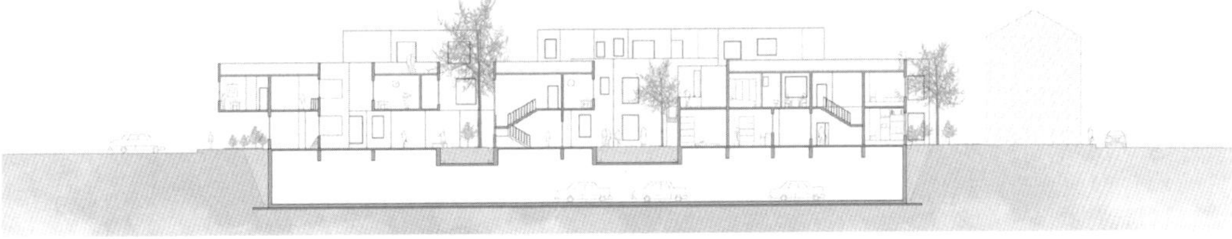

剖面图

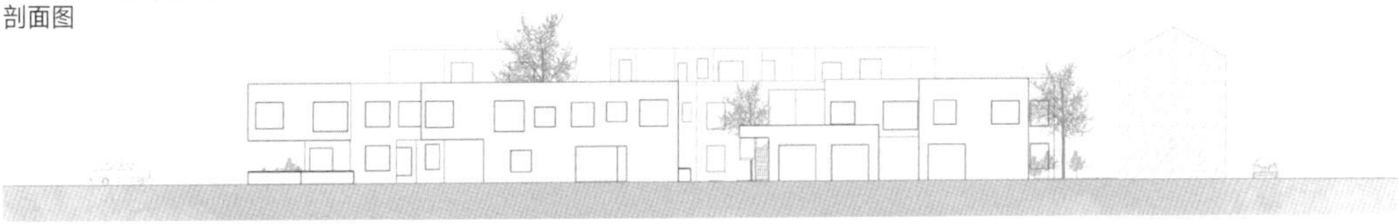

立面图 1

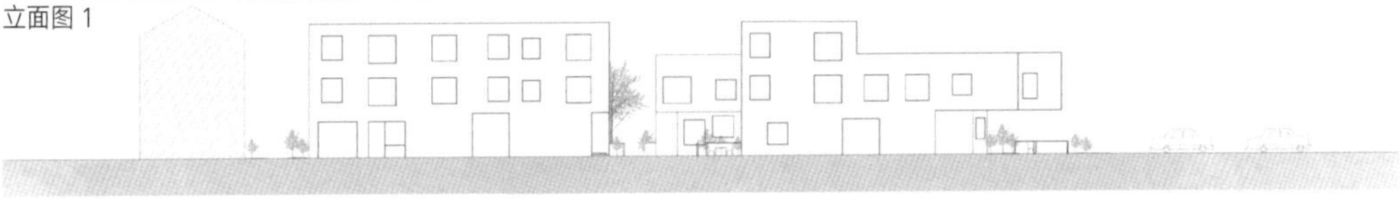

立面图 2

教师评语

不同于其他集中式的布局，此方案采用了一系列小体量分散式的公寓楼组成邻里社区。通过多样性的户型设计和精确的开窗方位，既巧妙地避免了小间距空间的隐私窥视，同时又创造出有利于鼓励社区邻里互动的半公共空间，有趣而有益。整体社区空间所孕育的独特氛围，让人印象深刻。方案设计既在意料之外，又在情理之中。

作为社区中心的医院——四平路社区医院设计

7

甘昊

课题介绍

1. 背景设定：

因通讯交通等基础设施的持续进步，城市为获得全球竞争力，逐渐进入超高密度的“超级栖居”时代。在超高密度的城市环境下，包含医疗卫生服务和邻里关系的社会结构将被重新定义，因此课题要求重新定义社区医院的社会结构和空间结构。

2. 设计目标：

功能类型方面，掌握医疗建筑设计的原理和部分规范；建筑学方面，掌握基本城市设计原理，深化训练建筑设计，掌握一定的建筑设计方法论。鼓励创新研究和基于科学的想象力；鼓励空间及功能类型的突破与创新；鼓励对建筑设计理论的学习和研究。

3. 设计内容：

四平路社区医院，基地位于铁岭路 39 号，占地约 6000 平方米，建筑面积约 8000 平方米。建筑需要包含门诊、住院、手术、公共卫生、办公和配套等功能。

社区医院具有作为公共活动场所的重要潜力。不同于综合医院和大型专科医院专注于急难险重病症的救治，在社区医院中，医患处于更平等的地位。事实上，人们几乎将社区医院视作日常健康管理机构，常见的健康活动包括疫苗接种、体检、轻症就诊或者早期诊断。疫苗接种具有组织同龄社群的巨大优势，因此社区医院具备有别于传统医院的社区属性。

基地处于高密度城市环境中，公共空间稀缺，因此要充分挖掘社区医院作为社区公共活动空间的潜力，使其形成社区的中心。

基地介绍

基地位于杨浦区四平路社区，现状即为四平社区卫生服务中心。基地呈南北向，东西宽约 55 米、南北长约 110 米，场地面积约 6000 平方米。

基地东侧、北侧临街，南侧、西侧与住宅小区相邻。东侧为铁岭路，北侧为锦西路。铁岭路对侧为商业空间和变电站；锦西路对面为多层住宅小区，街角为商业空间。整个地块属于非常典型的高密度城市环境，公共空间相对稀缺，交通相对混杂。作为社区医院，方案需要解决基本的人流、车流和污物流线，至少设置两个独立的出入口。基地两面临街，提供了基本条件。同时，场地获得了一个城市转角，学生需处理两个临街面的城市关系，难度陡升。东侧和南侧是高层建筑物，东南角、西侧和北侧是多层建筑，场地的日照品质也是一个重要的考量因素。

东侧铁岭路是双向车行道，北侧锦西路是由西向东的单行道，车行交通组织需积极考虑单双行驶的组织可行性。因场地面积相对狭小，停车优先考虑地下停车。

周次	时间	课程内容	形式
1	2021/9/6 2021/9/9	讲座：课程介绍 场地认知，布置任务，环境模型，参考案例	大组讨论
2	2021/9/13 2021/9/16	讲座：设计工具，技术观念 2 张 A3 拼贴透视图（外景和内景），A3 总平面图 1/500（线稿），A3 轴测图（标注尺寸）	个人作业
3	2021/9/20 2021/9/23	讲座：氛围感知，社会空间 A3 总平面图 1/500（线稿），A0 平面图 1/200	个人作业
4	2021/9/27 2021/9/30	讲座：医疗建筑专项 2 张 A0 渲染透视图（外景和内景），A0 区位图 1/500（填色），A0 平面图 1/200，VR 总图模型	个人作业
5	2021/10/4 2021/10/7	国庆假期	——
6	2021/10/11	中期评图	大组评图
	2021/10/14	A0 墙身构造透视图 1/30，A2 构造大样图 1/10，VR 模型	个人作业
7	2021/10/18 2021/10/21	4 张 A0 渲染透视图（外景和内景），A0 区位图 1/500（填色），A0 平立剖面图 1/200，A0 墙身构造透视图 1/50，VR 模型	个人作业
8	2021/10/25 2021/10/28	完成设计成果	个人作业
9	2021/11/1	终期评图	大组评图

城市客厅，屋顶花园与社区医院

学生 / 狄一卓
导师 / 甘昊

设计简介

本次课题围绕高密度城市环境中的社区医院设计展开。其中很有挑战的是，在一片高密度的、以日常居住为主的社区空间中，嵌入一座有一定复杂度和专业度的功能性建筑。

从功能上说，社区医院承载着守护周边居民身体健康的重任，但医院自有的严肃、冷静属性又使其很难融入宽松的社区氛围中。因此，设计的初衷是尝试将社区医院自然地与已有的社区环境连接，避免社区医院变为与整个社区“格格不入”的独立场所。当然，此想法也得益于社区医院本身不承担繁重的医疗任务，而以护理、关怀、宣教为主，更贴近居民的生活功能这一特点。

我们观察到周边区域公共活动空间匮乏的问题，于是从场地策略出发，主动让出一个凹字形的中庭区域面向城市居民。同时，方案开放屋顶空间，并在地面和屋顶间设计了多级的行走、停留空间，以吸引居民不断地走入、迈上和体验社区医院从地面向上贯通屋顶的公共空间。

在医疗功能的布置方面，一层主要承担门诊、急诊和部分的检验、放射科功能，二层以手术、体检和妇幼保健功能为主，三层设置疫苗接种、医院办公相关功能，四层主要设置病房、医护功能。

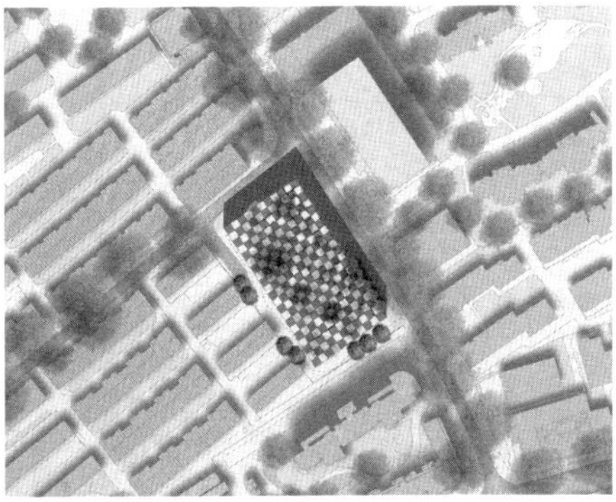

总平面图

0 25 50 100(m) N

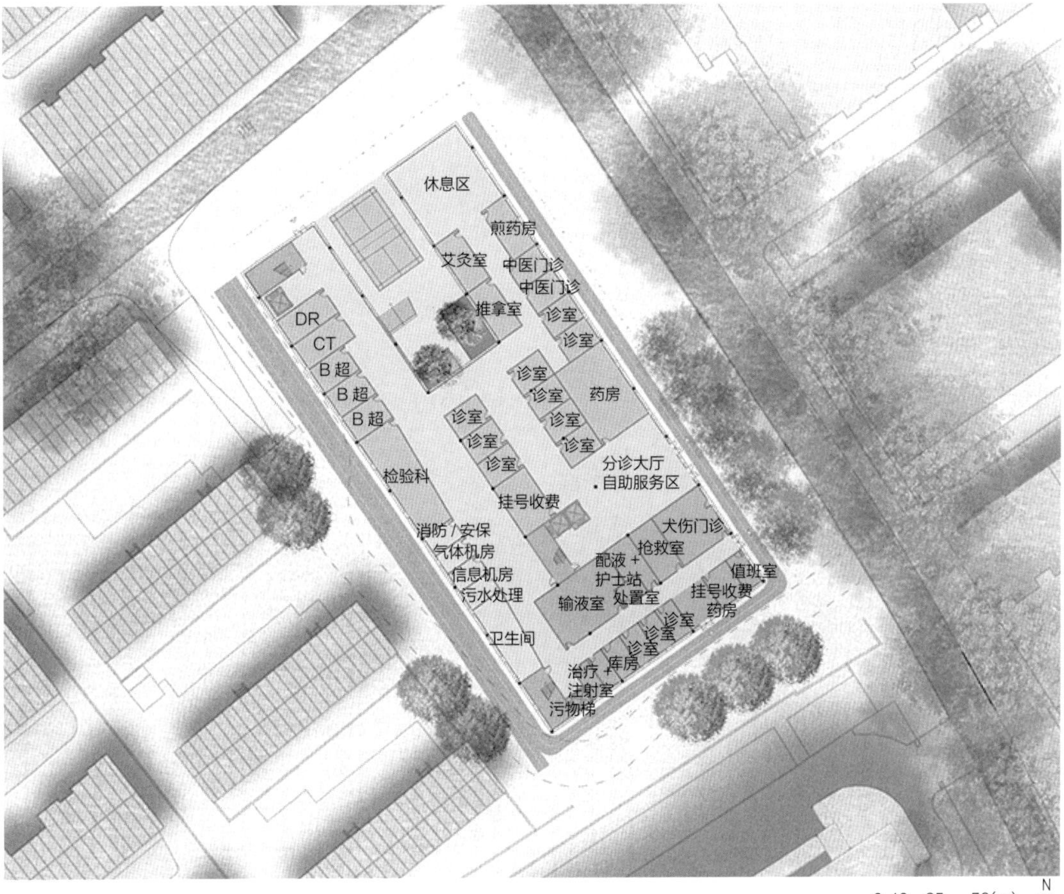

一层平面图

0 10 25 50(m) N

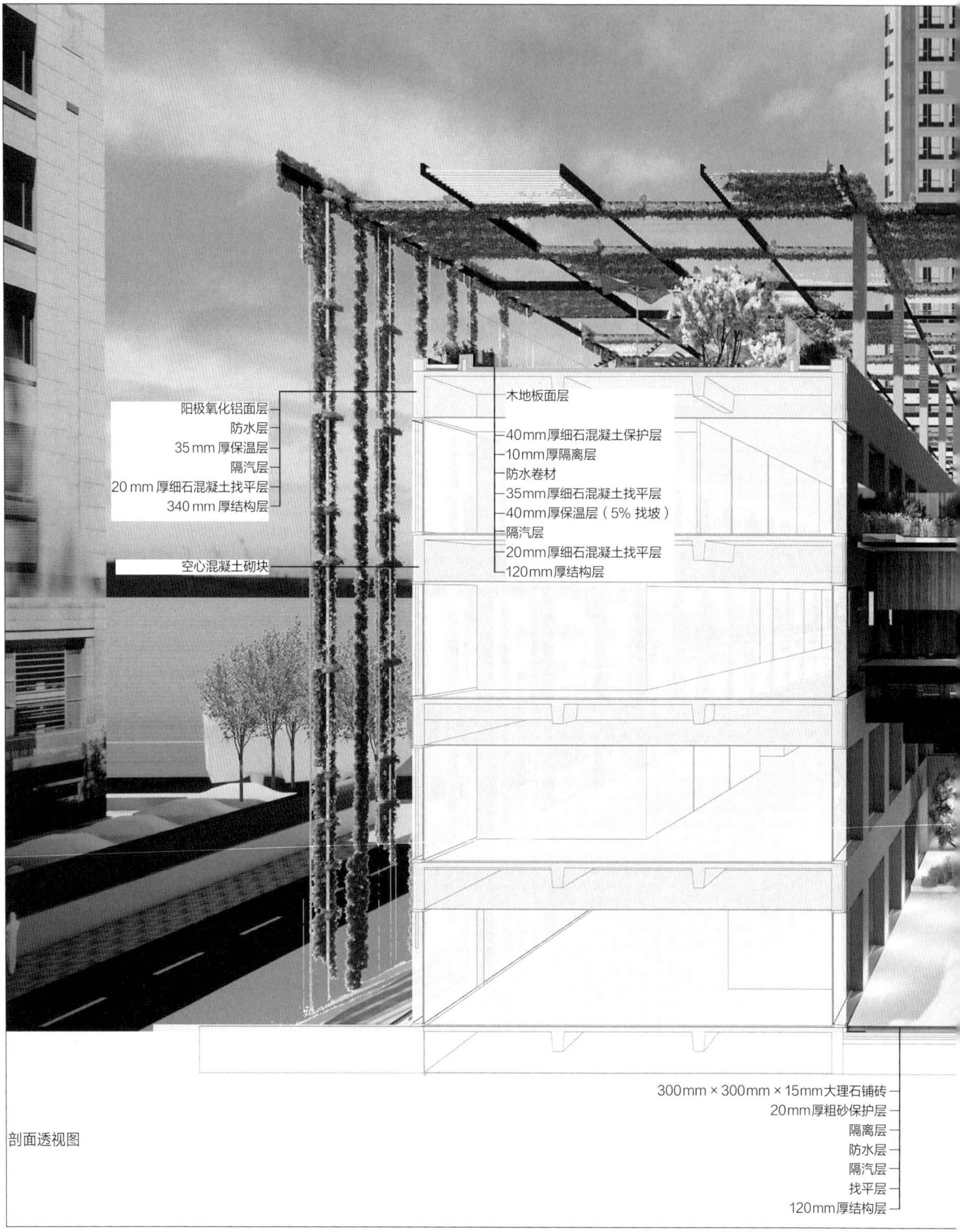
阳极氧化铝面层
防水层
35 mm 厚保温层
隔汽层
20 mm 厚细石混凝土找平层
340 mm 厚结构层
空心混凝土砌块
木地板面层
40mm厚细石混凝土保护层
10mm厚隔离层
防水卷材
35mm厚细石混凝土找平层
40mm厚保温层（5% 找坡）
隔汽层
20mm厚细石混凝土找平层
120mm厚结构层
300mm × 300mm × 15mm大理石铺砖
20mm厚粗砂保护层
隔离层
防水层
隔汽层
找平层
120mm厚结构层

剖面透视图

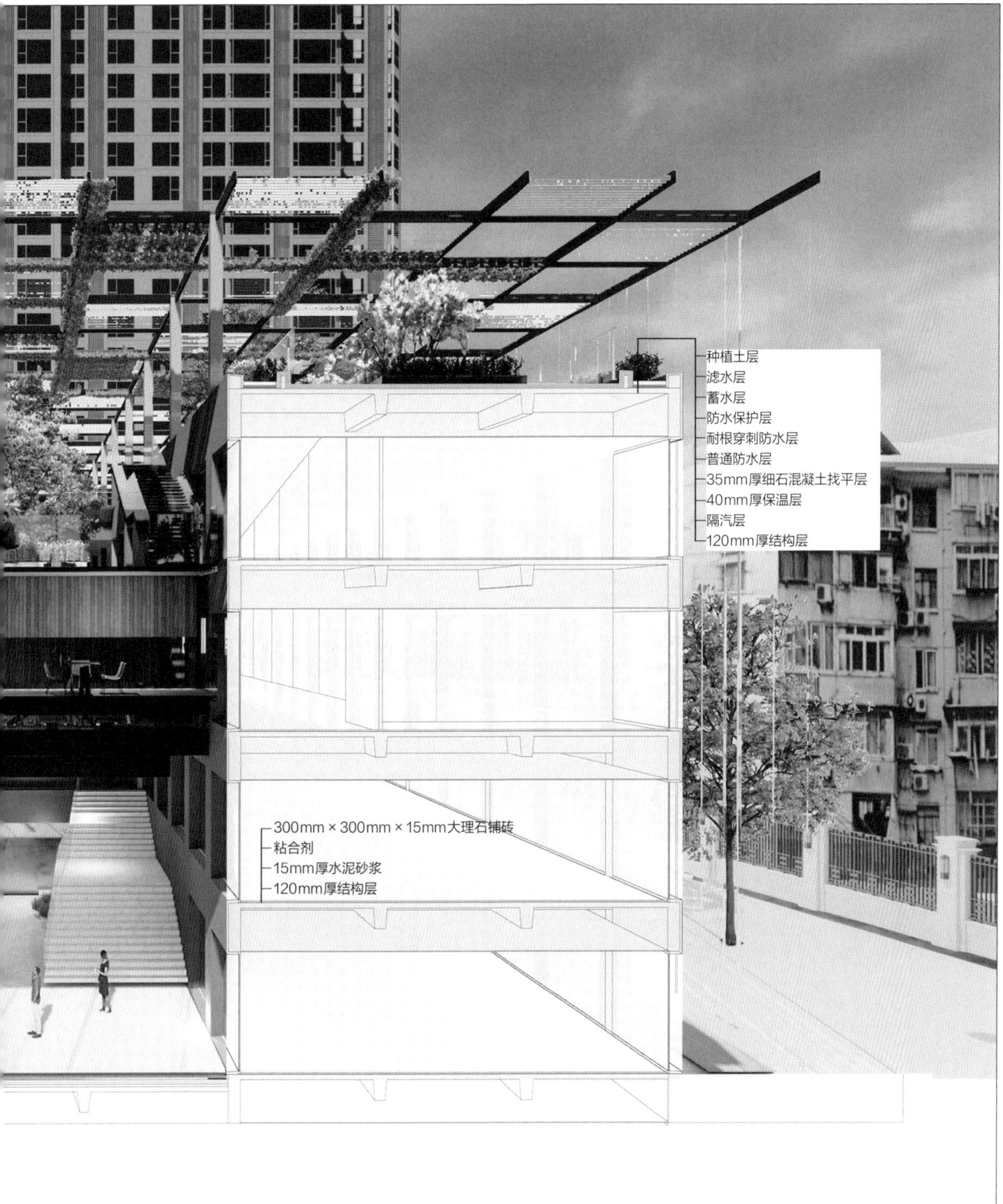
种植土层
滤水层
蓄水层
防水保护层
耐根穿刺防水层
普通防水层
35mm厚细石混凝土找平层
40mm厚保温层
隔汽层
120mm厚结构层
300mm × 300mm × 15mm大理石铺砖
粘合剂
15mm厚水泥砂浆
120mm厚结构层

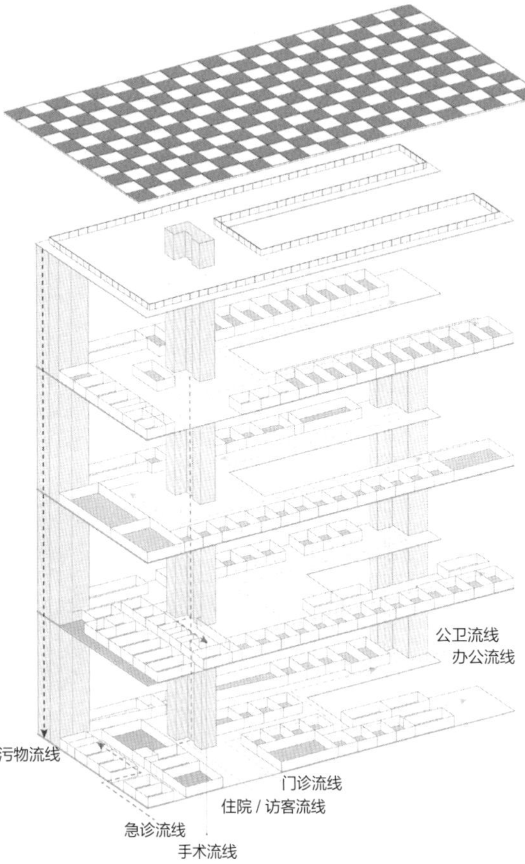

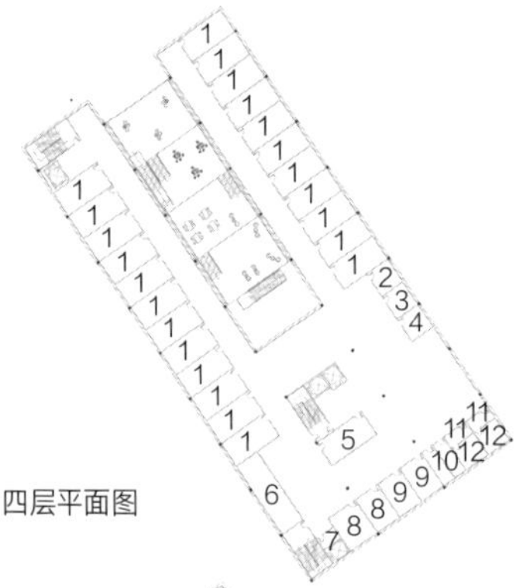

四层平面图

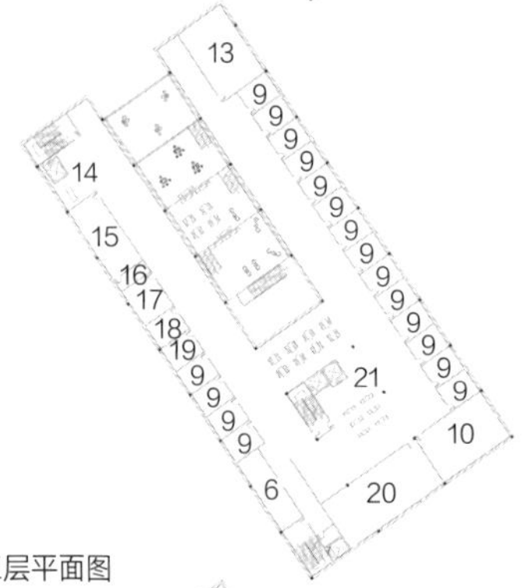

三层平面图

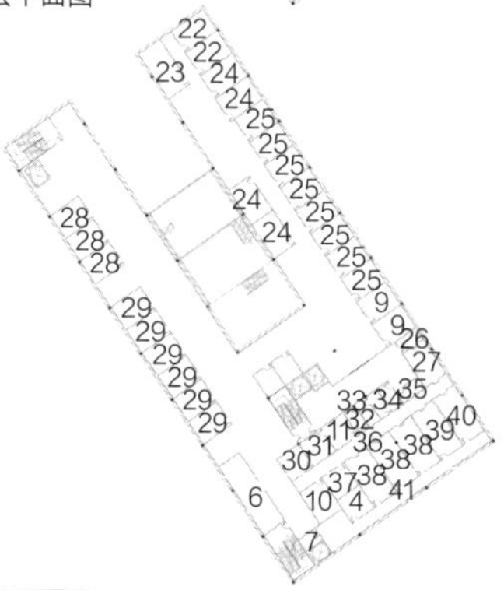

二层平面图

1 病房
2 换药室
3 布草间
4 污洗间
5 护士站
6 卫生间
7 污物梯
8 值班室
9 办公室
10 库房
11 更衣室
12 医护淋浴室
13 会议室
14 等候区
15 疫苗接种室
16 冷链室
17 留观室
18 母婴室
19 处置室
20 厨房
21 餐厅
22 B 超室
23 报告打印室
24 心电图室
25 诊室
26 换床室
27 准备 / 恢复室
28 儿科诊室
29 妇科诊室
30 休息室
31 缓冲区
32 拆包室
33 清洗室
34 医护通道
35 谈话室
36 洁净走廊
37 无菌物品存放间
38 手术室
39 麻醉室
40 人流手术室
41 污物走廊

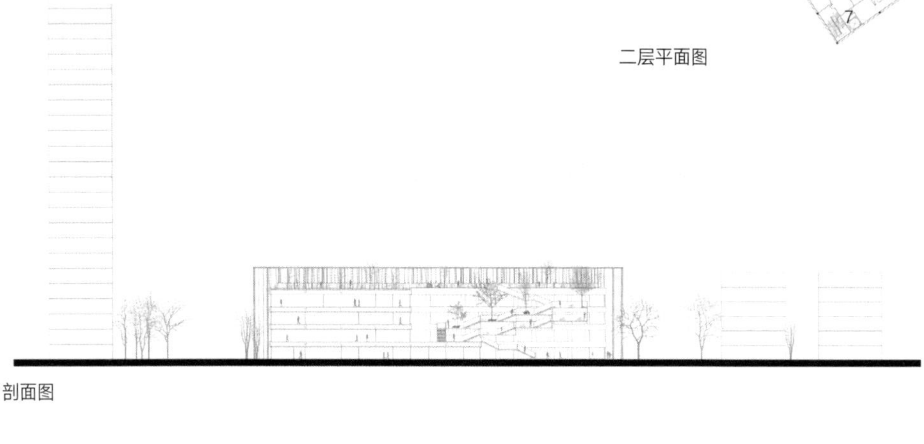

剖面图

教师评语

本作业较好地完成了教学设定的各项目标，特别突出的是对城市关系的探索，将城市公共活动空间与医疗功能空间创造性地、有机地结合在一起，既互不干扰又充满互动，概念从提出到落地保持了较强的一致性。

城市设计：面对复杂的城市环境和功能流线需求，本设计将社区公共活动和医院两大功能的出入口分别沿基地两侧布置。方案充分考虑到不同道路的行车条件和人流，且作出了较为恰当的回应。北侧面向社区开放，用巨大的露台台阶一直引导至天台，露台台阶被医院环绕，随时服务不同楼层的患者及家属，形成适宜的互动场所。在狭小的地块采用大开大合的设计手法，极具戏剧性，设计概念清晰且具有说服力。

建筑设计：建筑空间结构清晰，动线科学合理，公共区域尺度得当，但医疗区域的功能布局还需加强。立面由屋顶拉杆结构和主体石材两层构成，简洁有力。拉杆形成的灰空间作为城市广场和建筑的过渡，能够提供人流引导，亦有较好的遮阳效果。北侧内院采用了不同的材质和色彩，强化了城市关系的建立和表达，空间氛围准确。

结构构造设计：基本达到教学要求，初步建立了对受力体系和结构系统的认识，以及对材料、防水构造、保温构造、遮阳构造等技术系统的认识。

公域

学生 / 张子越
导师 / 甘昊

设计简介

四平社区卫生服务中心的建筑设计需要在满足医院核心功能需求的基础上，营造和谐宜人的社区中心氛围。为了在高密度城市环境中重构医疗空间与生活空间的关系，本设计方案采用双首层设计与开放的多层次公共露台空间作为设计策略。

一层东侧，我将靠近主要道路与街角的地面空间归还给城市，这一区域将不再作为医疗设施，而是成为周边居民共享的公共场所。这不仅提升了社区中心的开放性，也为居民提供了与健康设施近距离互动的机会，进一步强化了社区中心作为居民生活一部分的概念。

二层平台连接公共卫生与急诊服务区域，并在此设置了开放式的餐厅。这种设计使得医疗空间与休闲空间得以相互融合，形成了独特的医疗社区氛围。通过错落的洞口设计，二层与底层空间得以相互沟通，形成了丰富的视觉与空间层次。同时，通过精心的路径规划，人流被自然地引入建筑内部，为医疗空间的使用带来了便捷与舒适。

高层主要为住院与办公功能，在这些区域设计了交错的露台空间，这些露台成为各个医疗场所的景观空间与活动场所。通过这些露台，患者和医护人员可以在享受私密空间的同时，欣赏城市的美景，亲近大自然。这种设计不仅提升了医疗空间的品质，也为社区成员提供了一个放松身心、恢复健康的理想场所。

综上所述，本设计方案探索了在高密度城市环境中重构医疗空间与生活空间关系的新途径，希望为四平社区卫生服务中心带来更加和谐、宜人的医疗与社区环境。

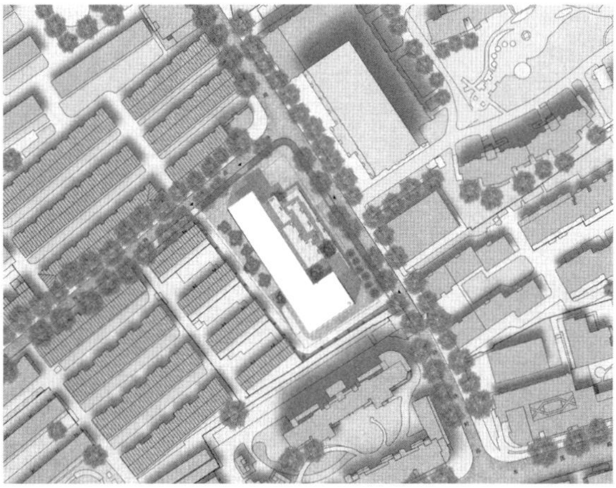
0 5 10(m)
N

总平面图

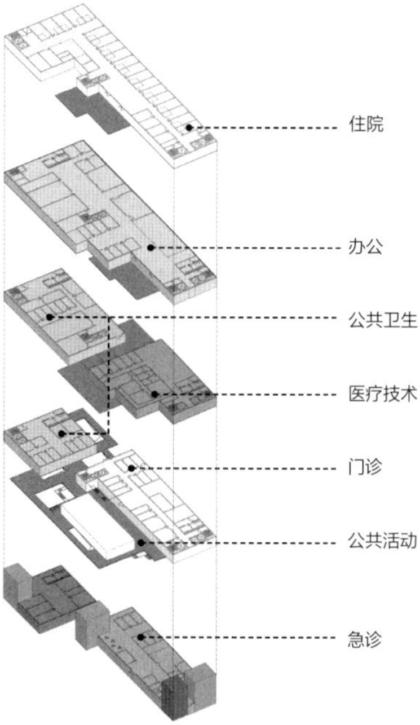
住院
办公
公共卫生
医疗技术
门诊
公共活动
急诊

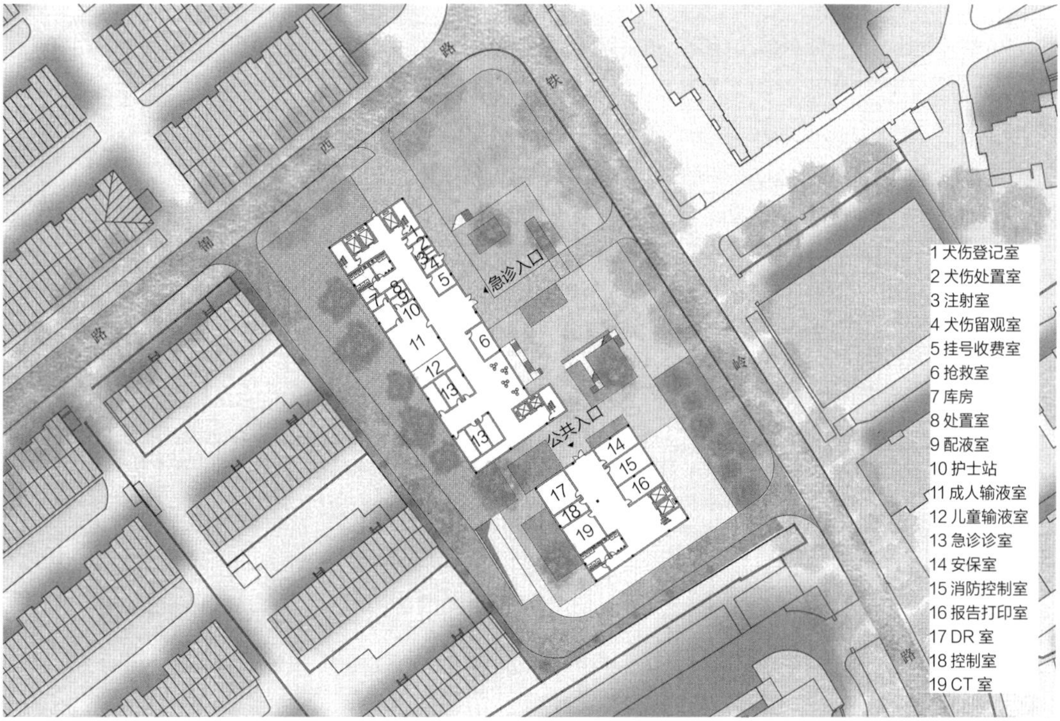
急诊入口
公共入口
1 犬伤登记室
2 犬伤处置室
3 注射室
4 犬伤留观室
5 挂号收费室
6 抢救室
7 库房
8 处置室
9 配液室
10 护士站
11 成人输液室
12 儿童输液室
13 急诊诊室
14 安保室
15 消防控制室
16 报告打印室
17 DR 室
18 控制室
19 CT 室
0 2 5 10(m)
N

一层平面图

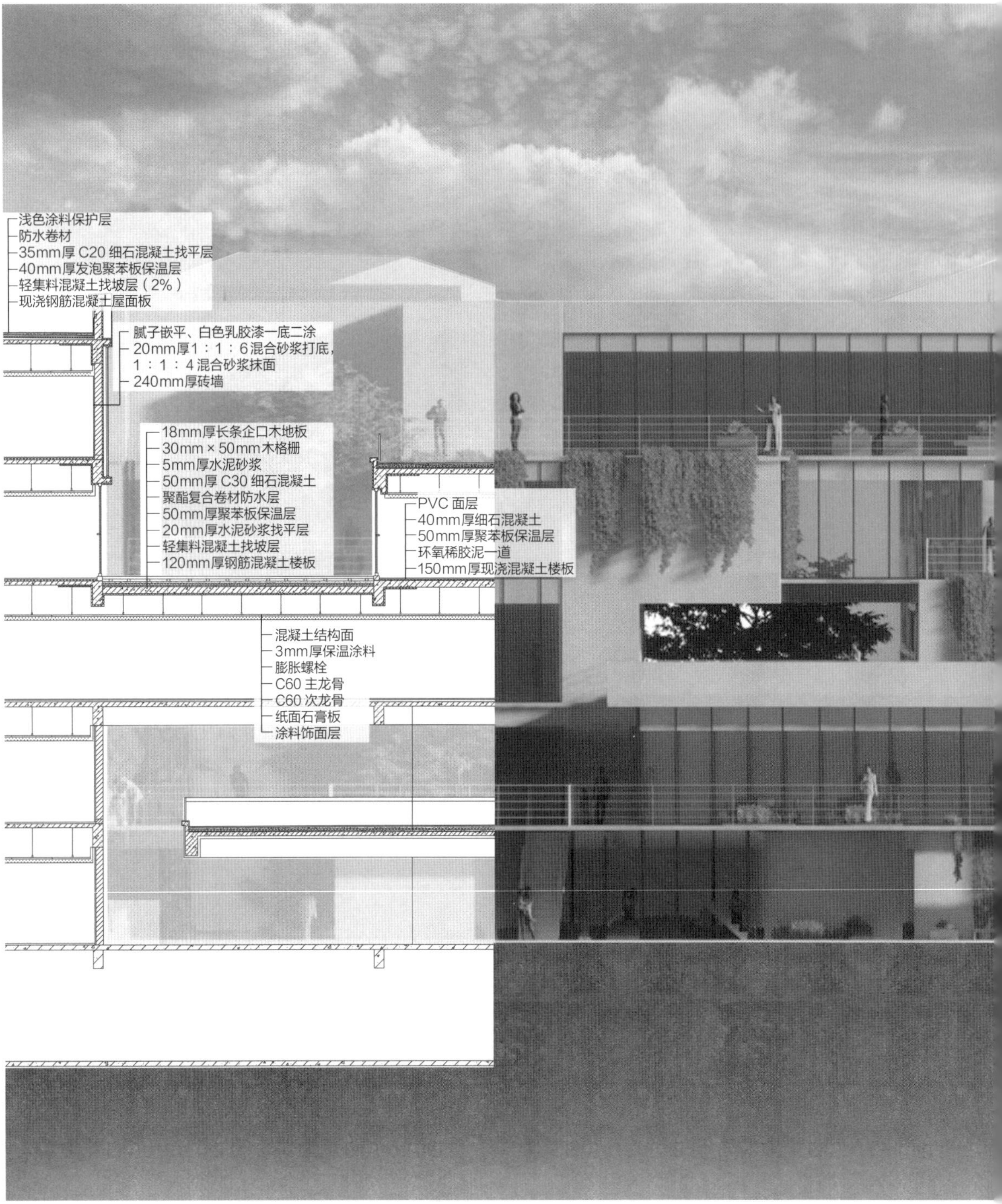
浅色涂料保护层
防水卷材
35mm厚 C20 细石混凝土找平层
40mm厚发泡聚苯板保温层
轻集料混凝土找坡层（2%）
现浇钢筋混凝土屋面板
腻子嵌平、白色乳胶漆一底二涂
20mm厚1：1：6混合砂浆打底，
1：1：4 混合砂浆抹面
240mm厚砖墙
18mm厚长条企口木地板
30mm × 50mm木格栅
5mm厚水泥砂浆
50mm厚 C30 细石混凝土
聚酯复合卷材防水层
50mm厚聚苯板保温层
20mm厚水泥砂浆找平层
轻集料混凝土找坡层
120mm厚钢筋混凝土楼板
PVC 面层
40mm厚细石混凝土
50mm厚聚苯板保温层
环氧稀胶泥一道
150mm厚现浇混凝土楼板
混凝土结构面
3mm厚保温涂料
膨胀螺栓
C60 主龙骨
C60 次龙骨
纸面石膏板
涂料饰面层

剖面大样图

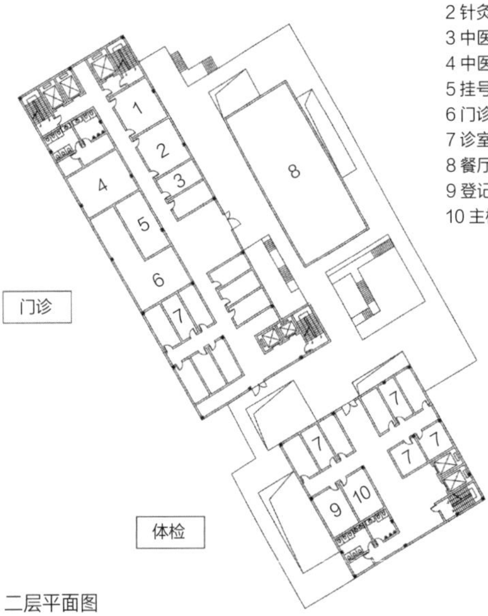

1 推拿室
2 针灸室
3 中医诊室
4 中医药房
5 挂号收费室
6 门诊药房
7 诊室
8 餐厅
9 登记室
10 主检室

二层平面图

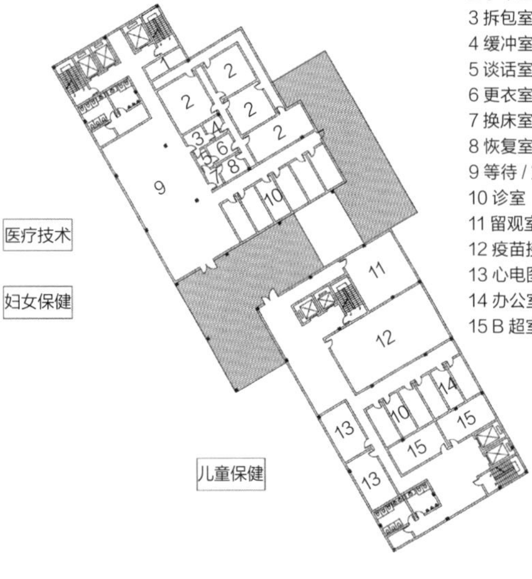

1 污物室
2 手术室
3 拆包室
4 缓冲室
5 谈话室
6 更衣室
7 换床室
8 恢复室
9 等待 / 宣教区
10 诊室
11 留观室
12 疫苗接种室
13 心电图室
14 办公室
15 B 超室

三层平面图

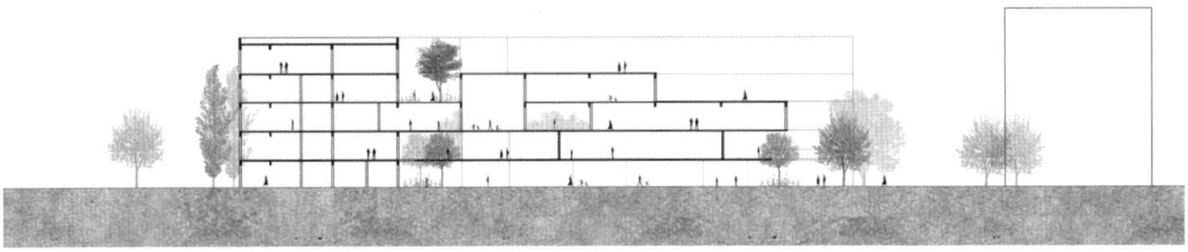

剖面图

教师评语

本作业较好地实现了通过“解决设计问题”推动设计的教学目标。相对完善的设计成果甚至具备一定的现实落地性，体现了学生扎实的基本功和较强的学习能力。

城市设计：本设计将医院主体尽量靠近西侧和南侧布置，将东侧与北侧采光较好的空间留给城市，与街道自然结合，形成公共活动区。方案在公共活动区以有机亲切的姿态，欢迎市民的进入。车行通道紧贴西侧和南侧，减轻城市交通压力。总图设计合理科学，且富有想象力。

建筑设计：建筑主体体量清晰简洁，依据功能需求设置了北、中、南三个出入口，并结合公共活动区域建立双首层，动线合理高效。主体部分空间严谨，功能分区明确；公共活动区空间灵动，动线丰富。整体空间氛围营造准确。

电影博物馆

8

张樵

课题介绍

对于建筑学本科三年级教学，在学生拥有一定的空间营造技巧之后，课题鼓励他们用全新的方法组织空间，探索空间关系，而不再是采用一二年级的“功能 + 构成”的简单模式。鼓励学生探索空间关系、空间序列、空间与人的行为之间的关系。课程选取了电影为切入点，让学生分析电影的时空营造技巧，深入学习一种电影手法，并将其转译成建筑语言，进而将这个空间有机体发展成一座功能性建筑。

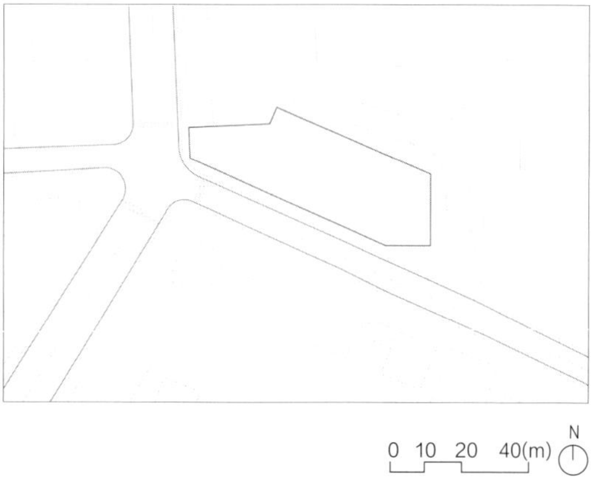

基地介绍

基地坐落于充满历史韵味的上海衡复历史文化风貌区，这里承载了上海独特的城市记忆与文化底蕴。场地位于衡山路与桃江路相交的繁华地带，不仅地理位置优越，更是时尚与传统的交汇点。步入场地，仿佛穿越时空，既能感受到现代城市的时尚脉搏，看到新兴商业业态蓬勃发展，又能领略到老上海的风情万种，欣赏烟火气漫游于中西风格交融的建筑群。

周次	时间	课程内容	形式
1	2023/9/14	课题宣讲，任务书解读，布置作业一：研究一种电影手法	大组讨论
	2023/9/18	作业一汇报：研究一种电影技巧并转换成建筑空间	大组讨论
2	2023/9/21	基地调研汇报，布置作业二：建筑案例分析	大组讨论
	2023/9/25	作业二汇报，方案基本思路	大组讨论
3	2023/9/28	方案推进	个人作业
	2023/10/2	国庆假期	——
4	2023/10/5		
	2023/10/9	中期汇报，建筑空间关系，结构概念，城市关系	大组评图
5	2023/10/12	方案推进，建筑空间关系，结构概念，城市关系	个人作业
	2023/10/16	方案推进，建筑空间构造，材料细化	个人作业
6	2023/10/19	方案推进汇报，建筑空间构造，材料细化，规范校核	大组讨论
	2023/10/23	方案深化，平立剖面，建筑意义	个人作业
7	2023/10/26	平立剖面整合，效果图的策略	个人作业
	2023/10/30	最终汇报策略，模型小样，图纸排版、色系	大组讨论
8	2023/11/2	图纸及模型表达	个人作业
	2023/11/6	图纸及模型表达	个人作业
9	2023/11/9	终期评图	大组评图

电影万华镜

学生 / 潘若琳
导师 / 张樵

设计简介

本设计以电影为载体，旨在通过电影手法组织空间动线，增强建筑的叙事性，为访客提供丰富的空间体验。在设计策略上，方案一方面强化街区的统一历史风貌，保留并凸显其特有的立面肌理；另一方面针对社区缺乏公共聚集空间的现状，在新建筑中增加聚会与社交的空间。同时，底层退让的设计策略确保公共空间的开放性，促进街道与社区的融合。

在内部空间组织上，设计借鉴伯纳德·屈米的拉维莱特公园设计理念，通过点（零售单元）、线（消费动线）和面（整体布局）的组织系统,构建灵活而富有层次的空间体验。在设计深化中，引入电影手法“摇镜头”实体化概念，将空间体验串联起来，为观众提供穿越电影场景般的感受。空间中吊挂的棱锥体、倾斜圆筒的主要结构支撑、不同材质的组合，虽矛盾却和谐，形成动态的视觉与触感体验，旨在激发观者的感知与想象，使整个博物馆之旅成为一场生动的电影旅程。

在光影设计方面，采光筒的精心布局，不仅满足了展览空间的自然光照需求，更通过光影的变换，为雕塑藏品赋予戏剧性效果，同时在观景区营造温馨的视觉高潮。夜间，独特的四棱锥形状的发光装置与核心筒设计，成为街道的亮点，不仅照亮了昏暗的街道，也为社区舞台增色，营造出既安全又有活力的氛围。

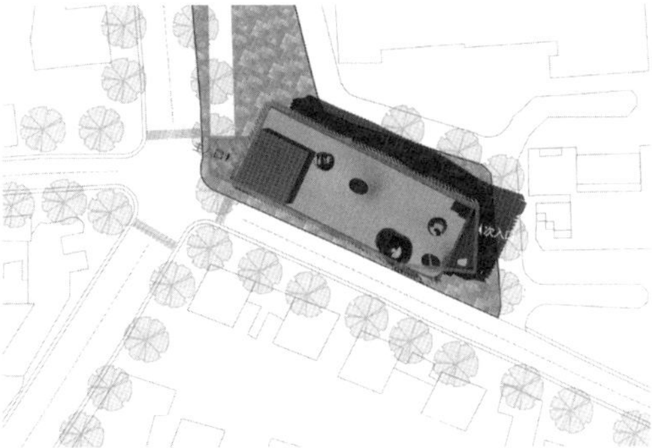

总平面图 0 10 25 50(m) N

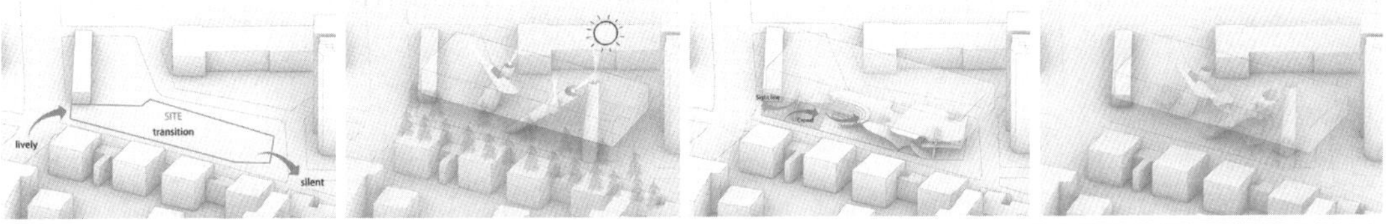

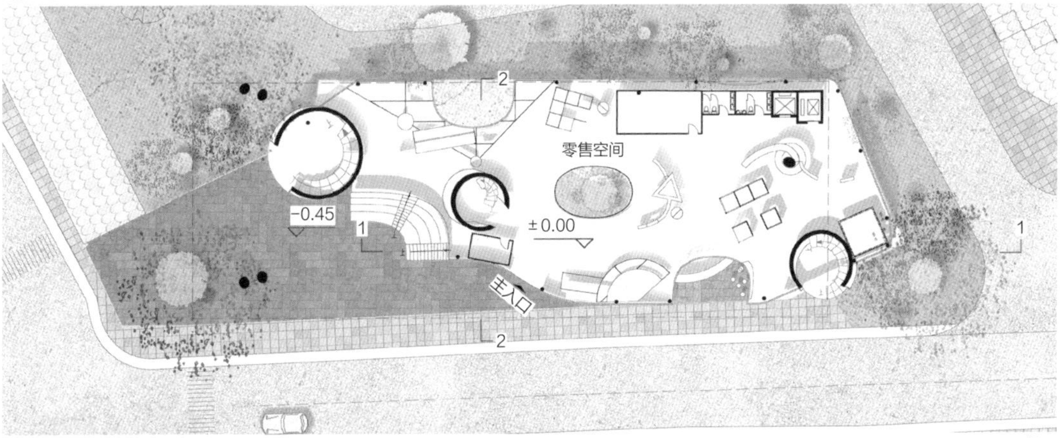

首层平面图 0 3 7.5 15(m) N

1-1 剖透视图

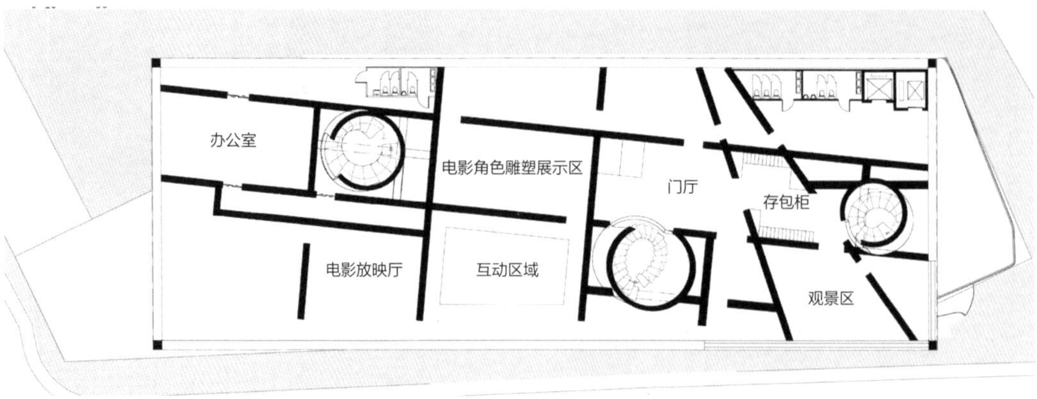

四层平面图

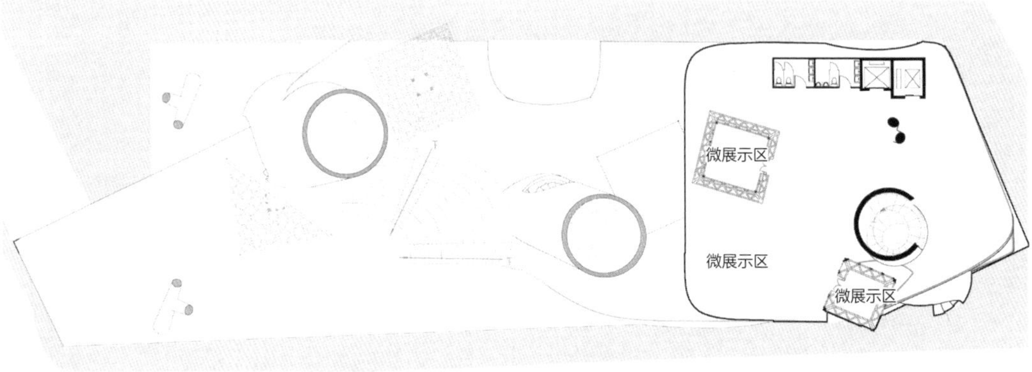

三层平面图

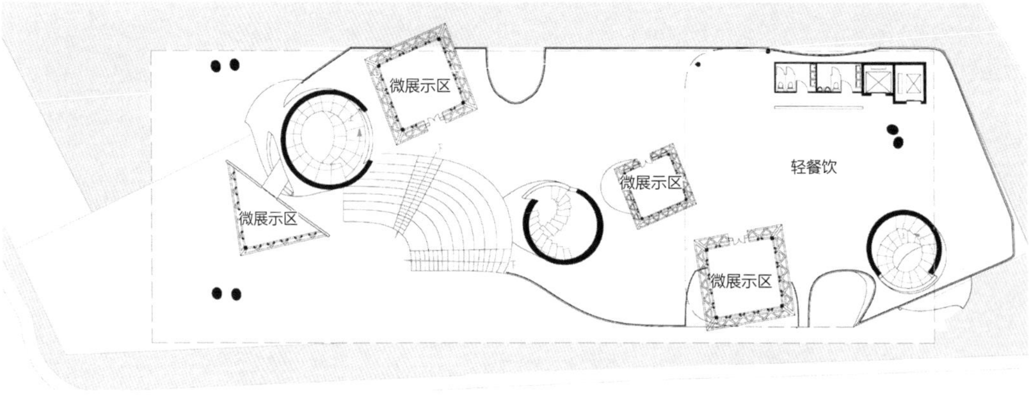

二层平面图

透视图

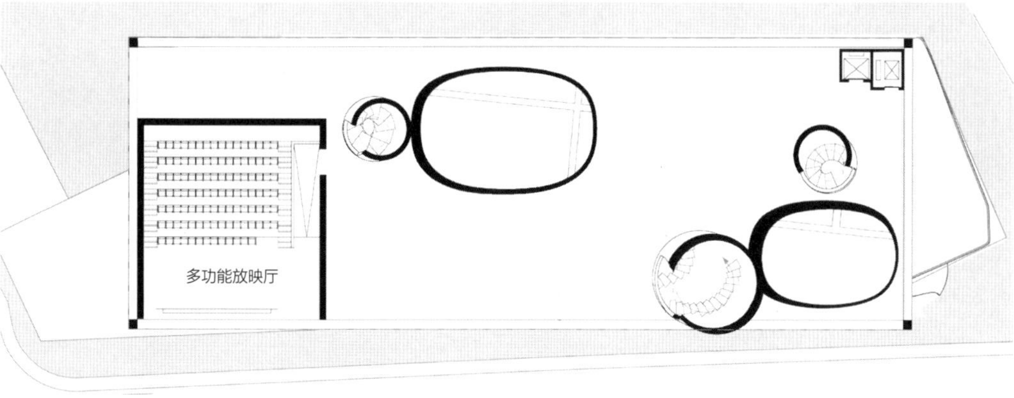

五层平面图

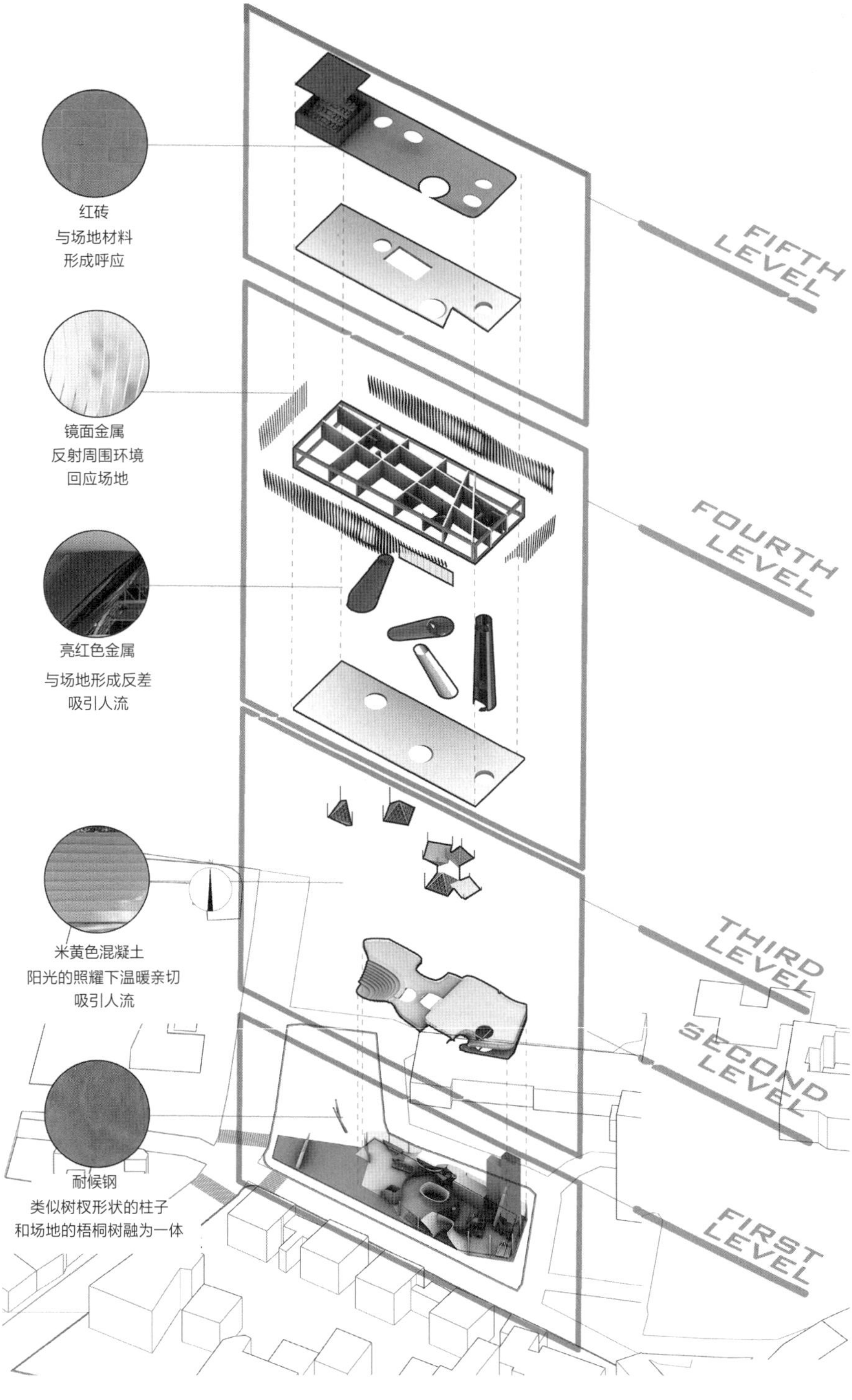
红砖
与场地材料
形成呼应
FIFTH LEVEL
镜面金属
反射周围环境
回应场地
FOURTH LEVEL
亮红色金属
与场地形成反差
吸引人流
米黄色混凝土
阳光的照耀下温暖亲切
吸引人流
THIRD LEVEL
SECOND LEVEL
耐候钢
类似树杈形状的柱子
和场地的梧桐树融为一体
FIRST LEVEL

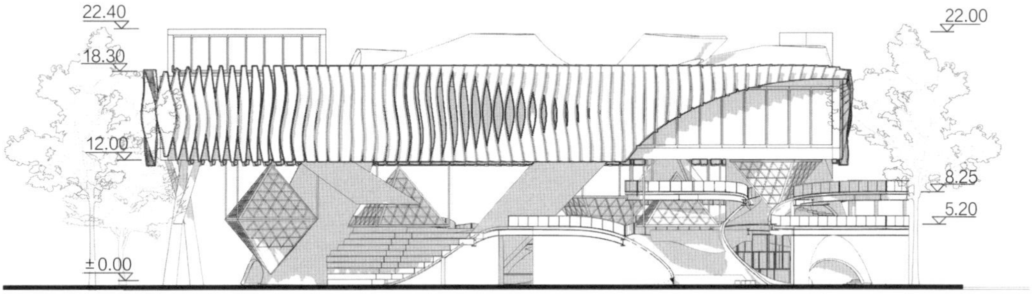

南立面图

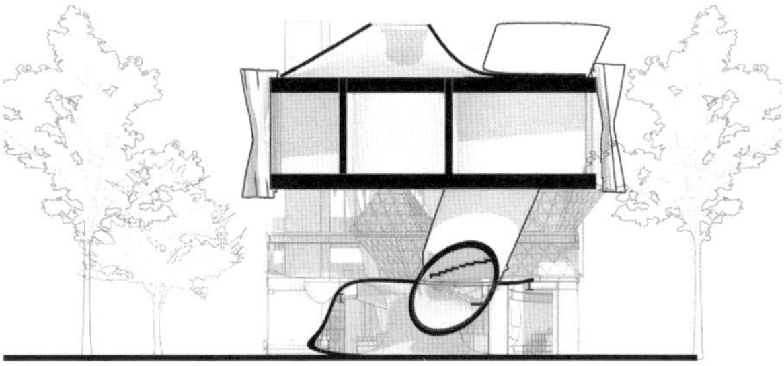

2-2 剖面图

教师评语

潘同学思路清晰，完成了从空间规律到空间建构的完整过程。在空间体系的建立上，她从人的感官和运动出发，建立有机的空间秩序和空间关系，同时能一直保持良好的建筑形式感和空间趣味性。这个课题的训练目标是帮助学生摆脱机械化的“以功能为导向排平面、涂立面、切剖面”的作业模式，从空间规律和空间关系入手展开设计，这个过程对于三年级的学生非常重要。这份作业完成了这一既定目标,其可贵之处是结构的尝试，而且这种尝试是不断探索的过程，不是以目的为导向的一蹴而就。在这样一个小尺度的建筑里，方案因空间的特殊性选择了大跨度的结构。围绕最初的空间想法，潘同学不断优化结构，循序渐进，进而使结构和空间有机地融合。

影织

学生 / 曾昭瑞
导师 / 张樵

设计简介

本方案位于上海市徐汇区桃江路与衡山路交界的街角。设计从电影拍摄与剪辑技巧中汲取灵感，将蒙太奇、跳接等电影手法进行转译，形成电影博物馆与零售空间双线交织的丰富空间体验，两条流线通过中庭的大楼梯进行连接，在水平方向和垂直方向上均形成 A—B—A 的三段式布局。本设计以摄像机镜头作为母题，将具象的镜头拟态与抽象的透过镜头观看的体验融入建筑设计，让这座电影博物馆本身成为一部电影，以镜头为线索，通过空间限定和视觉引导，鼓励使用者从不同角度、高度观察建筑本身及周边城市环境，带来与传统博物馆不同的新奇体验。

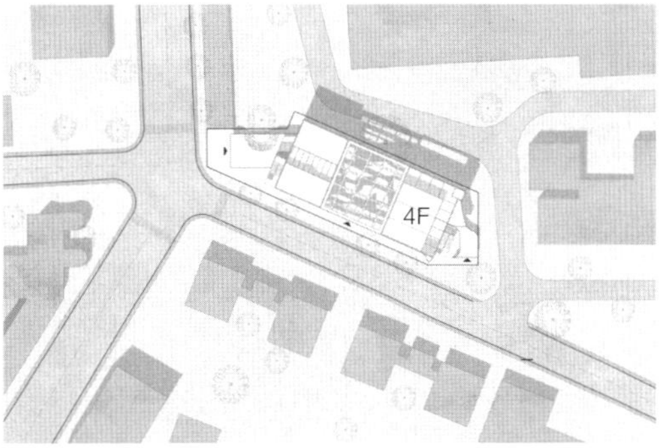

0 8 20 40(m) N

总平面图

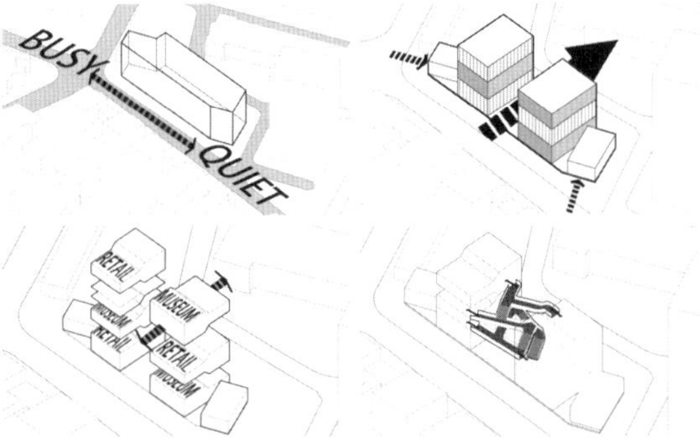

透视图

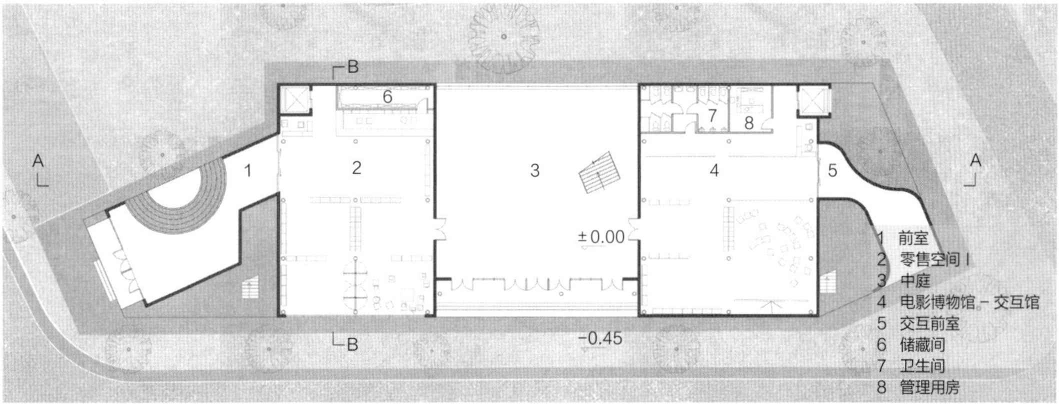

0 2 5 10(m) N

一层平面图

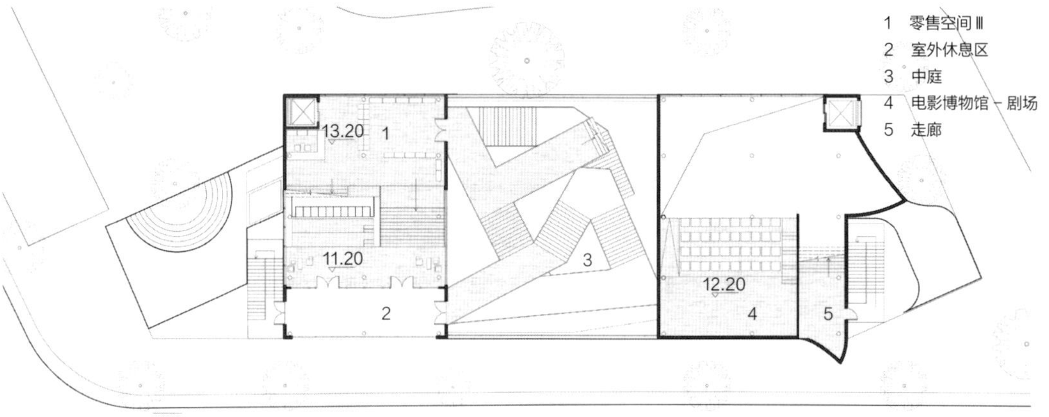

四层平面图

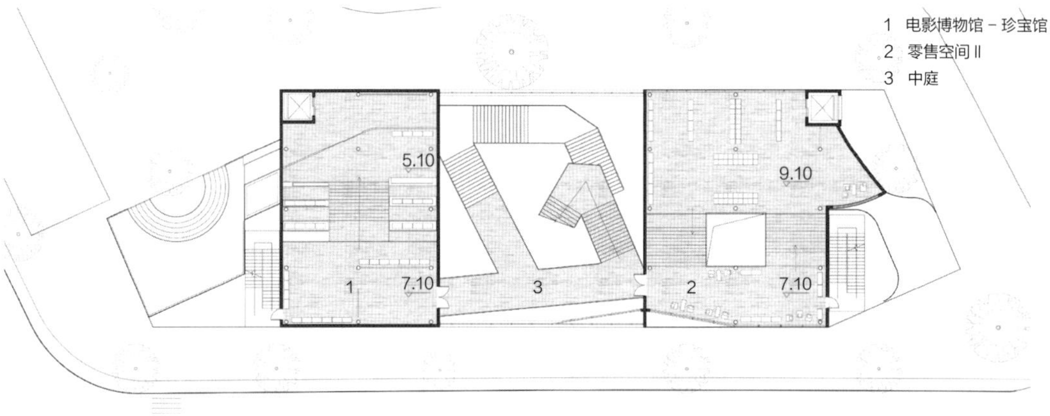

三层平面图

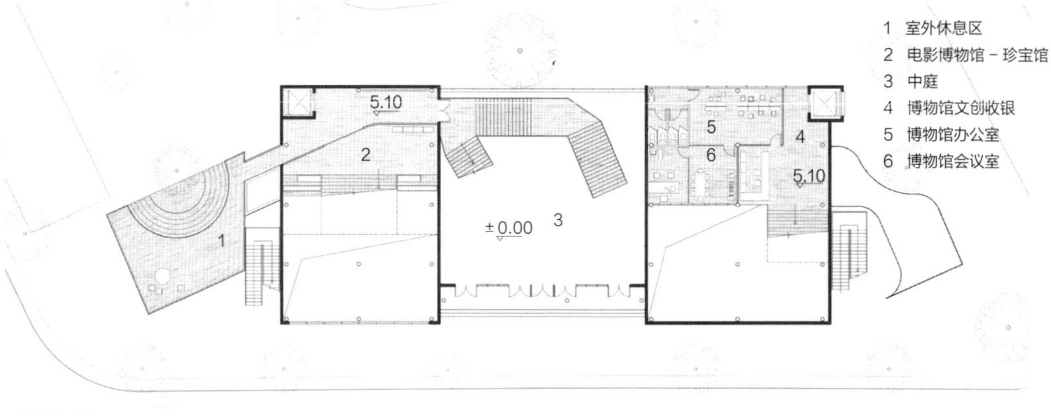

二层平面图

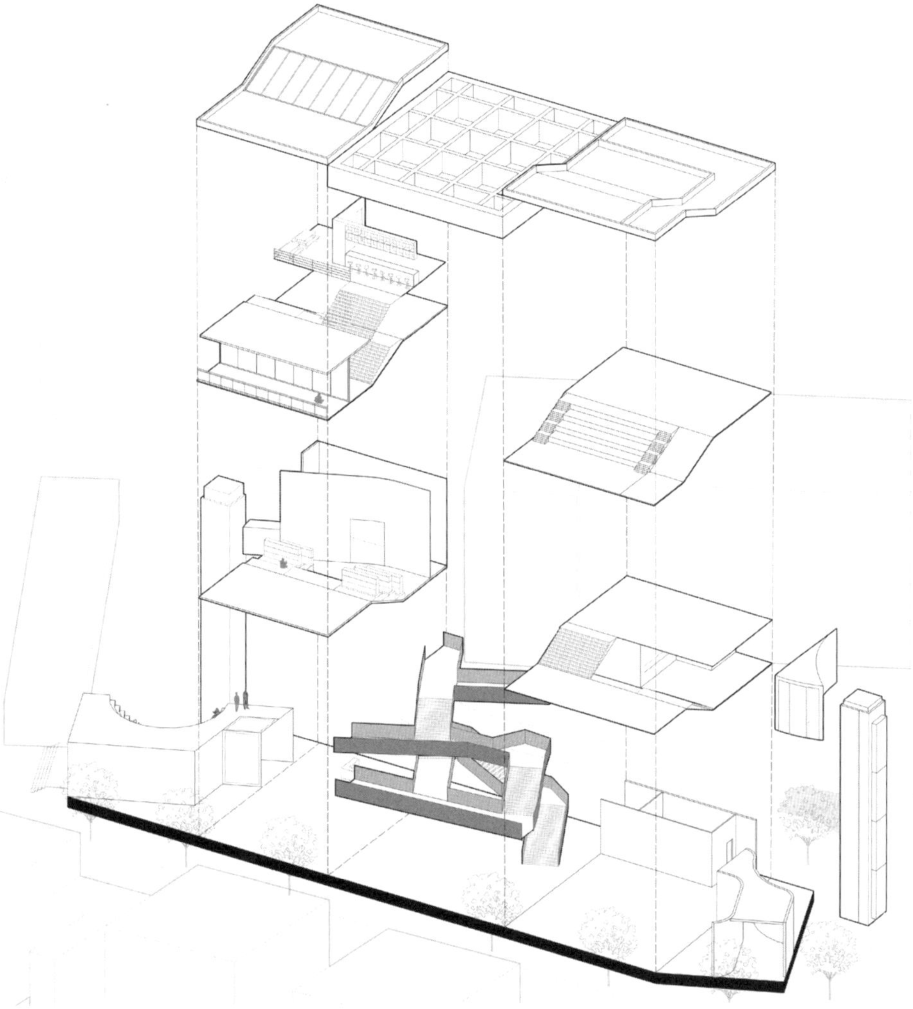

轴测图

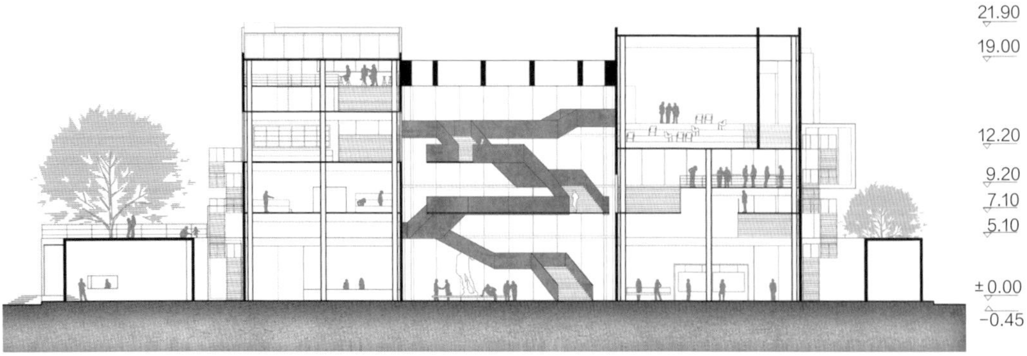

A-A 剖面图

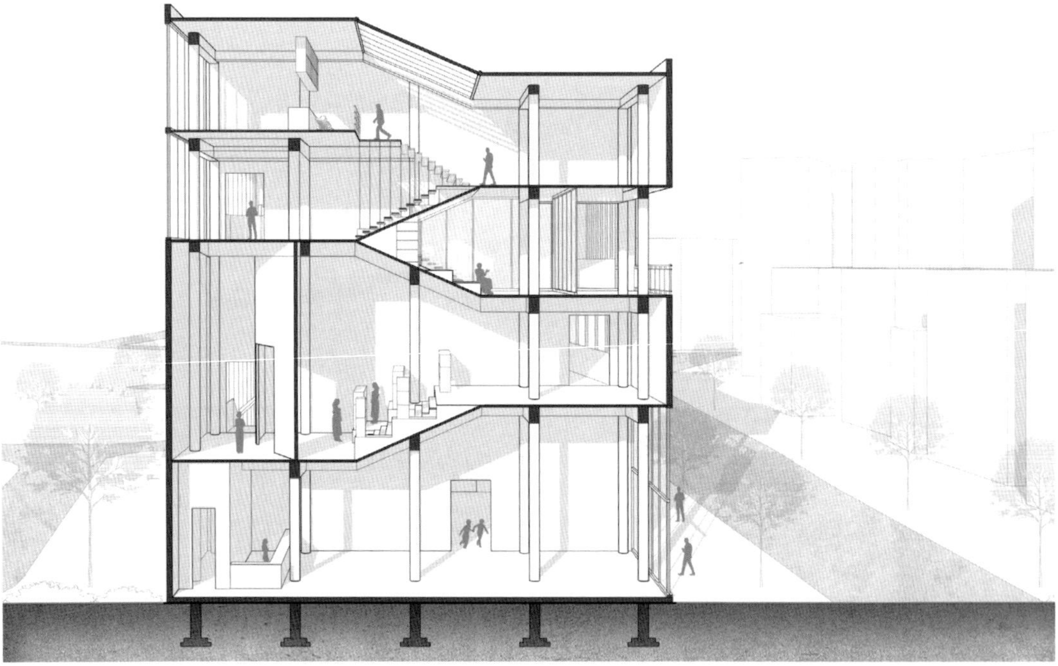

B-B 剖面图

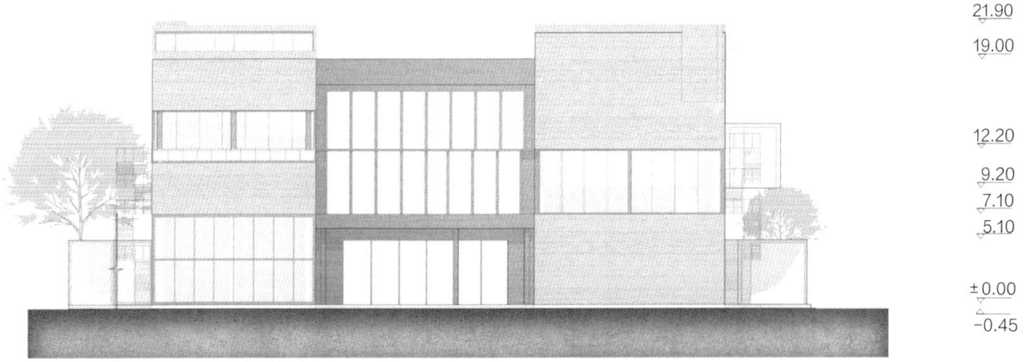

立面图 1

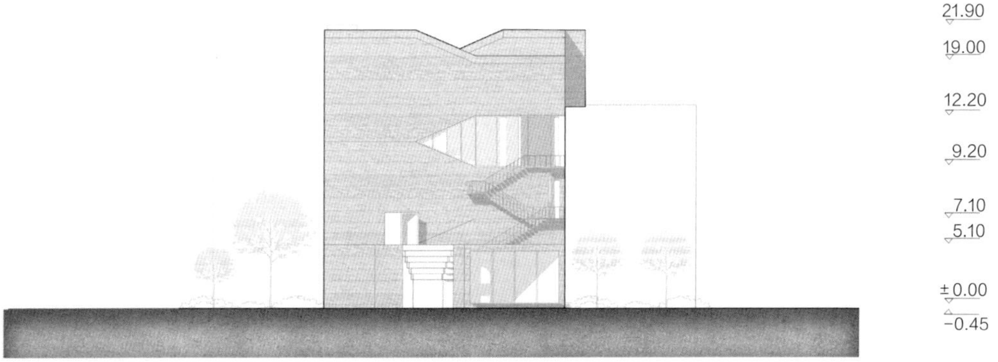

立面图 2

教师评语

这份作业有很多亮点：一是复杂度高而且完成度较好；二是空间均衡流畅，线条清晰分明。对于一位本科三年级的同学，能有这么好的空间驾驭能力和空间操控技巧，实属难得。空间的营造非常现实，自始至终都考虑到了可建造性。在满足了课题基本的空间和空间关系要求的基础上，该作业进一步探索了各个空间之间更为复杂微妙的关系，进一步赋予空间边界更好的独立性和趣味性。同时，相比于其他同学，该设计对材料在空间中的作用和材料在空间中的表达做了大量研究和探索。该作业在内部空间趣味性、空间之间的连接等方面都追求微妙的变化，过渡自然流畅。在近乎三段论式的经典总平面布局上，该同学又增加了很多灵活的现代元素，使整体方案稳重而又不刻板。

附 录

教师信息

学生信息

甘昊

Atelier MUTO 主持建筑师
同济大学建筑与城市规划学院 设计导师
东南大学建筑学院 特聘研究员
江苏维康医疗建筑合成设计研究所 所长

设计研究理念与方向

关注设计方法论和设计工具的研究；提出“社会结构 - 空间结构”类比设计法。追求建造文明的进步，探索人类生存与发展的空间，继承与发扬建筑文化传统。

教学理念

试图建立“设计方法论”启动设计，利用“专业处置”推动设计的教学结构。既培养设计专家，也培养建筑学理论学者。科学训练与人文熏陶并重，体现“人文技术”特征。

最终成果着重关注：城市关系、社会结构、概念表达、空间氛围营造、技术可行性等方面。

1. 贵州侗族大歌生态博物馆，2015—2016；2. 南京鼓楼医院北院区改造更新，2017—2022；3. 南京南航社区微更新，2019

甘泉

空崆建筑 创始合伙人 / 主持建筑师
国家一级注册建筑师
同济大学建筑与城市规划学院 设计导师
浙江大学建筑系 设计评图嘉宾

设计研究理念与方向

让设计因地制宜，实现自然、建筑与人的共赢。

1. 大乐之野重庆四面山山居度假酒店，2021—2023；2. 苏州震泽湿地公园自然教育中心，2018—2019；3. 浙江松阳后畲村整村更新，在建

王彦

goa 大象设计 总建筑师 / 合伙人
英国皇家建筑师协会 特许注册建筑师
同济大学建筑与城市规划学院 设计导师
上海市虹口区 社区规划师
上海市城市更新研究会 专家

设计研究理念与方向

相较于其他艺术形式，建筑无疑是坚固而耐久的。一座建筑的诞生，不仅意味着一次人工建造的完成，同时也改变了它所处的空间，重新定义了那片场所的精神，而这种影响会随着建筑的矗立而长久存在。

我们注重建筑与环境的自然融合与互动，以诗意的场所体验激发人们的情感共鸣。与此同时，尊重地域文化的多元性和差异性，并以此为起点展开对当地文化内涵的追溯，从而获得超越时代和风格的表达，实现建筑在时间维度上的完整性。

建筑不仅仅关乎建筑师的个人热情，在建造过程中需要整合大量社会资源。我们需要以一种审慎的态度来倾听真正的需求。这些声音来源于开发者、使用者以及社会公众。这种倾听并不意味着对每个具体要求作出简单回应，而是深刻理解并表达人们内心真正的期待。

1. 福建丰盈·耕石艺术馆，2013；2. 江苏謇里小镇展览馆，2020；3. 上海油画雕塑院美术馆，2008

于雷

上海九城都市建筑设计顾问有限公司 合伙人 / 主持建筑师
东南大学研究生院 研究生校外指导教师
同济大学建筑与城市规划学院 设计导师
研究员级高级工程师
国家一级注册建筑师

设计研究理念与方向

主要学术研究方向为空间公共性研究和公共空间设计策略，曾出版相关专著《空间公共性研究》；执业以来主要从事教育建筑、公共建筑的设计创作，同时结合长期在苏州的设计实践，研究基于地域主义的相关设计策略。

教学理念

设计教学的特点是师生之间的高质量互动，老师通过讲述、分析、提问、质疑等多种方式影响学生的设计思考和发展过程，目的是激发学生自己的认知能力和发展能力。

设计没有标准答案也没有最好的答案，每一种思考都是场地、项目和设计者个体体验的结合，是独特的，因此设计教学需要了解学生的个性和认知特点，也要引导学生建立这种认知。设计图纸、模型、工程技术等是帮助思考、推动设计、表达成果的重要手段，这部分训练应该具有清晰的标准和严格的要求，教师可以通过分析、比照、批评和动手改图帮助学生树立更专业的标准。

1. 江苏花桥艺体馆，2022；2. 江苏如皋师范学校第二附属小学，2021；3. 江苏常熟经济技术开发区文体中心，2023

南旭

NAN 建筑事务所 主持建筑师
国家一级注册建筑师
美国建筑师协会 会员

设计研究理念与方向

NAN 致力于将建筑、桥梁设计和城市规划的边界推向新的可能。设计理念深植于对当代技术的深刻理解和应用，希望通过利用最新的技术，更好地实现结构上的创新，创造出既环保又经济的空间解决方案。

1. 重庆弹子石幼儿园，2018；2. 南京秦淮湾大桥，2021；3. 上海临港纳米园，2023

何孟佳

playze 建筑设计事务所 合伙人 / 主持建筑师

同济大学建筑与城市规划学院 设计导师

上海市虹口区 社区规划师

设计研究理念与方向

城市更新和既有建筑改造，城市公共建筑，街区型商业综合体。

教学理念

以学生为主体的因材施教是破题关键，我的教学方式可以概括为引导学生用他们“自然的方式”思考。我会注重培养学生建立对自我价值的认同感，建筑师的成长本身是自我进化的过程。课堂辅导以启发式教学为主，保护学生思维线索的连贯性。

以设计策略的生成为例：三年级学生很难做到具有穿透性和系统性的预判，设计前期提出不成熟的策略在所难免，如果要求学生严格按计划推进设计，遇到阻碍时，不成熟的策略反而成了累赘。学生在各个设计阶段都不缺“想法”，策略的雏形就散布在这些“想法”里。引导者需要启发学生先着手把朦胧的“想法”具体化，尝试将其发展为场景，并逐步扩大外延。分散的场景开始出现交集，聚拢为规律，也就有了策略的初始状态。一个逐步成型的策略，更容易让青年学生理解和接受。

1. 黑石公寓时尚街区，上海，2019；2. 宁波市城市展览馆，宁波，2019；3. 幸福里街区，上海，2015

肖闻达

上海城间建筑设计事务所 创始合伙人 / 主持建筑师
同济大学建筑与城市规划学院 设计导师

设计研究理念与方向

我们关注“空间如何积极地改变现实”，认为设计者需要消除对室内、建筑、城市的狭隘划分。应以人类学、社会学的洞察，还原人与空间、社会复杂关系的本质关联。在此基础上，捕捉核心问题，提出空间方案，促成个体自由和提升公共生活福祉。

教学理念

在三年级教学中，我关注同学们两种能力的训练：一是观察、理解并梳理复杂的现实条件，自主捕捉核心命题的能力；二是提出概念和构成，整合回应核心命题、场地功能要求、个人差异化认知等不同动机的能力。

1. 浙江林中簇 - 瓷之源工作营地，2022—2024；2. 江苏长亭驿 - 白马泾路地铁站，2022—2024；3. 江苏太湖路公交首末站，2021—2025

洪人杰

HAS design and research 建筑事务所 联合创始人 / 主持建筑师
Hung And Songkittipakdee Laboratory（HAS Lab）创始人
泰国暹罗皇家建筑师协会 展览主席、首席策展人
同济大学建筑与城市规划学院 设计导师
朱拉隆功大学建筑学院 客座教授

设计研究理念与方向

在泰国曼谷典型巷弄生活和工作的经历，让 HAS design and research 建筑事务所创始人、主持建筑师洪人杰意识到，人们生活在钢筋混凝土的城市中，重新建构出一种新的自然性，即为：即兴、人造自然、变色龙建筑。

1. 即兴——人们如何在无趣的城市中，试着利用生活工具获取更多的使用空间，例如外扩的围篱、增建的屋顶，以及宣示边界的花盆或石头等。这些看似临时又灵活的元素，呈现当地人充满智慧的生活美学。

2. 人造自然——人们如何与钢筋混凝土的城市共同生活？城市中的棚户、移动式摊贩、假日菜市场成为城市中的崭新自然空间。

3. 变色龙建筑——城市中的建筑为了对应不同功能，演化出多种样貌，比如商业街立面的广告招牌，在白天文字硕大无比，到了夜晚则变得五彩缤纷。

1. 泰国曼谷佩提卡森艺术家工作室，2021；2. 安徽森之墅，2023；3. 泰国暖武里 MoMA 现代铝博物馆，2022

张樵

DEFINE 建筑师工作室 创始合伙人 / 主持建筑师
美国注册建筑师

设计研究理念与方向

长期的实践领域是大型复杂建筑如超高层塔楼、大型文化设施等。长期从事的研究包括古罗马建筑、哥特建筑、文艺复兴建筑和南欧现代建筑。注重研究建筑作为一个独立有机体的空间规律、结构规律以及建筑内在的生命。

教学理念

建筑教育的本质是在积累技术性知识的同时，通过设计过程让学生得到解放，建立设计师所必需的自信和独立思考的能力。要注重根据每个学生不同的特点、不同的自身条件，“量身定制”一个适合该学生的设计思考方式和设计推进过程，让学生学会“自己走路”，探索出一条不断提升设计思维和设计水平的道路。

1

2

3

1. 上海中心大厦，2006—2016；2. 上海二十一世纪中心大厦，2006—2010；3. 上海北外滩双塔楼，在建

王惟捷

集良建筑 合伙人 / 主持建筑师
同济大学建筑与城市规划学院 客座讲师
德国注册建筑师

设计研究理念与方向

个人设计偏向以多重视角、多个维度去看待项目和问题，通过对话沟通、连接并调和人与人、人与物、人与自然、人与历史、人与社会的关系，以取得多维平衡与跨越学科边界的多样性。

教学理念

在教学理念上，我设置了清晰的文脉和内容两个方向作为教学切入点，并通过跨学科的经验理解（行走、电影中的场景、艺术作品的概念）引导学生学习理解建筑专业的知识和学科定位。

1. 上海第一钢铁厂炼钢厂概念设计，2021；2. “万象有光”初心驿，2022；3. 后坞 PLUS，2022

丁明琦
2017 级
江西

窦中君
2017 级
山东

江席雅
2017 级
安徽

袁崧浩
2017 级
广东

陈星汉
2018 级
安徽

过欣怡
2018 级
浙江

黎嘉颖
2018 级
澳门

刘添欣
2018 级
浙江

罗薇莎
2018 级
湖南

熊亦萱
2018 级
江西

尹泽诚
2018 级
上海

张辰来
2018 级
上海

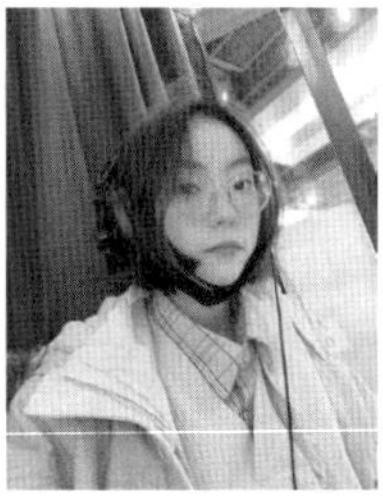

张可欣
2018 级
黑龙江

李传伟
2019 级
海南

刘星琦
2019 级
上海

刘彦君
2019 级
青海

王赫泽
2019 级
辽宁

王乐浔
2019 级
浙江

赵颖杰
2019 级
山西

朱虹晔
2019 级
四川

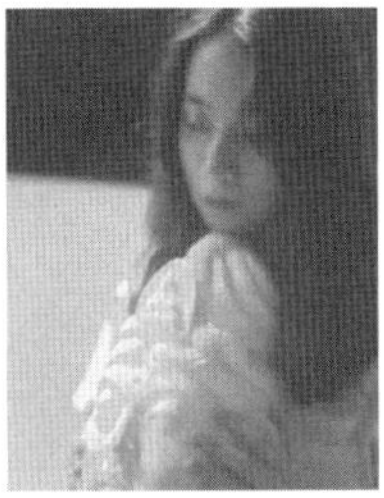

朱一心
2019 级
重庆

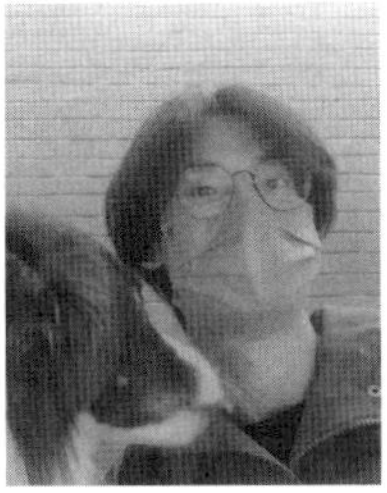

狄一卓
2019 级
山西

张子越
2019 级
福建

吴韫玉
2020 级
北京

赵若萱
2020 级
广西

朱俊霖
2020 级
上海

曾昭瑞
2021 级
江西

井雨瑶
2021 级
贵州

潘若琳
2021 级
广东

文凯
2021 级
广东

后记

2018 年起，我开始协助本科高年级和创新型人才实验班的教学主管谢振宇老师、王方戟老师开展教学组织活动，同时也作为一线的设计课教师参与本科高年级与实验班的教学。两个教学板块处于不同的培养线索上，原本相互独立，却因为 2019 年起的一次教学改革产生了关联。

教学改革前的“建筑与环境专题”是建筑系本科三年级多年以来的传统设计课题。相较于一、二年级的基础训练，三年级的设计课题强调“综合”。这个课题中的两个 8.5 周的作业“民俗博物馆”和“山地俱乐部”均是以环境关系为切入点的综合训练，课题基本设定有一定复杂度的真实环境作为基地，配合一定复杂度的功能要求。2010 年以后，随着社会的快速发展，城市与乡村建设语境也发生了较大的转变，与环境相关的更新实践与议题大量涌现。2019 年，在建设一流学科的契机下，“建筑与环境专题”尝试借鉴实验班的经验，邀请一线优秀实践建筑师加入教学，鼓励他们在教学大纲的指导下，结合自身实践拟定设计任务，形成多个平行的子课题，原有的传统课题也包含在内，通过同学多志愿自选的方式打破原本以班级为单位的授课方式。“平行自选”的方式为课题注入了新的活力，引入了当下的设计语境与议题，并激发了师生的热情。本书正是“专题设计 I”自 2019 年起进行教学改革后的一次阶段性总结与反思。本书包含 2019—2023 年在“专题设计 I”进行指导并被正式授予聘书的 10 位外请设计导师的 15 个子课题及 30 份代表性的教学成果，其中包含 7 个建筑与自然环境课题和 8 个建筑与人文环境课题。每个课题都展示了对基地及其任务设置的介绍和 2 份优秀作业。

本书的出版凝结了几十位师生作者以及多位编写人员的共同付出和努力。我作为主要执行人之一，在此对这个过程进行简要的记录。本书涉及多个平行课题的多种教学成果资料，中间又经历了新冠疫情，从 2022 年开始策划到 2025 年成书，历经了近 3 年时光，实属不易。在策划阶段，经与系主任王一老师、高年级教学组织负责人谢振宇老师、扈龑喆老师进行多轮讨论，本书的内容框架基本形成。随后与同济大学出版社的晁艳老师、沈沛杉老师多次讨论后，我们确定了书籍的大致版式。2024 年，在陈沛瑶、杨书涵、张帆 3 位助教的大力协助下，完成了主体内容的收集与初步排版工作。2025 年初，根据编辑老师提出的图文分离等精细要求，30 位同学以及 10 位导师在陈沛瑶助教的悉心协助下，将入选内容所涉及的图纸全部重新收集并调整，对所有文字进行校对。

站在 2025 年回望并展望，衷心希望本书的出版可以引发对设计教学的思考、讨论、反馈并启发新的教学实践。当下设计教学面临着前所未有的挑战，一方面，外部语境的巨变需要教育者在教学内容、工具、理论与组织方式上给予响应，另一方面，来自学科内部的基础议题与价值需要继续挖掘、探索、延展。期待在未来，“专题设计 I”的课题能够继续作为教学实验的田野持续发挥作用，也期待下一本书中可以看到校外导师与校内教师协作模式下的新探索。

张婷
同济大学建筑与城市规划学院建筑系副教授
本科高年级教学组织负责人
2025 年 4 月

图书在版编目（C I P）数据

平行与交织：专题设计 I （环境与建筑）教学探索：2019—2023 / 王一等编著 . -- 上海：同济大学出版社，2025. 7. --（产教融合教学改革与实践系列丛书 / 王一主编）. -- ISBN 978-7-5765-1464-3

Ⅰ . TU-856

中国国家版本馆 CIP 数据核字第 2025Z39066 号

平行与交织

专题设计 I （环境与建筑）教学探索：2019—2023

PINGXING YU JIAOZHI
ZHUANTI SHEJI YI (HUANJING YU JIANZHU)
JIAOXUE TANSUO: 2019—2023

王 一　谢振宇　张 婷　扈龑喆　张 凡　孙光临　编著

出 版 人　金英伟
策划编辑　晁 艳
责任编辑　沈沛杉
责任校对　徐逢乔
平面设计　张 微

版　　次　2025 年 7 月第 1 版
印　　次　2025 年 7 月第 1 次印刷
印　　刷　上海安枫印务有限公司
开　　本　787mm × 1092mm　1/16
印　　张　15.75
字　　数　310 000
书　　号　ISBN 978-7-5765-1464-3
定　　价　98.00 元
出版发行　同济大学出版社
地　　址　上海市杨浦区四平路 1239 号
邮政编码　200092
网　　址　http://www.tongjipress.com.cn